信号解析教科書
― 信号とシステム ―

原島 博 著

コロナ社

本書の構成（前半）

本書の前半では連続時間システムを扱う。その基本となるのが正弦波である。

第0章　プロローグ ― 信号とシステムについて簡単に説明して本書の導入とする ―

第1章　正弦波と線形システム ― まずは信号解析の基礎を実数の範囲で一通り学ぶ ―

正弦波とは何か
　sin と cos を基本として構成され，円運動の投影として表される。

線形システムとは何か
　「基本入力の線形合成」の応答
　＝「基本入力の応答」の線形合成
　基本入力の応答のみわかれば，その線形合成で表されるすべての信号の応答がわかる。

線形システムの基本課題
　① 基本入力として何を選ぶか？ → 正弦波が便利
　② 基本入力の応答の求め方は？ → 周波数特性
　③ 任意の信号を基本入力の線形合成で表現するには？
　　→ フーリエ解析によって正弦波の線形合成で表現できる。

線形システムの正弦波応答の基礎を学ぶ
　（もう一つの方法としてインパルス信号を入力したときの応答も学習する）

信号を正弦波の和で表す基礎として，フーリエ級数展開のイメージをつかむ

第2章　信号とシステムの複素領域での扱い ― 第1章の扱いを複素領域に拡大する ―

複素数と複素平面
　複素数 $(z = x + jy)$ は，複素平面で表示できる。そのとき極形式の記述が便利である。

複素正弦波信号
　正弦波は複素平面における円運動の実軸への投影とみなされる。
　→ 複素平面での円運動を複素正弦波信号として記述する。

複素伝達関数
　線形システムに複素正弦波信号を入力すると，出力も複素正弦波信号となり，伝達関数はその比として簡潔に記述される。

第3章　フーリエ級数展開とフーリエ変換
― フーリエ解析の基本を学ぶ ―

信号を正弦波の和に分解する
　（数学的には二通り）

周期信号：フーリエ級数展開
　基本周波数（周期の逆数）の整数倍の周波数の複素正弦波の和に分解

非周期信号：フーリエ変換
　連続的な周波数の複素正弦波の和（積分）として分解

　フーリエ級数展開とフーリエ変換の例

第4章　周波数スペクトルと線形システム
― フーリエ解析を信号解析に適用する ―

連続スペクトルと離散スペクトル
　周期信号は離散スペクトル，非周期信号は連続スペクトルをもち，さまざまな性質がある。

線形システムの入出力特性
　たたみこみ定理によって，線形システムの入出力特性が
　・時間領域では，たたみこみ積分
　・周波数領域では，伝達関数との積
　で表されることが示される。

本書の構成（後半）

本書の後半では離散時間システムを扱う。その橋渡しとなるのが，信号の標本化である。

第5章　信号の標本化とそのスペクトル ― 信号は情報を失うことなく離散化できる ―

信号の標本化とは
連続時間信号 $x(t)$ を離散時間信号 $x(n)$ に変換すること。

標本化定理
連続時間信号が $|f|<W$ に帯域制限されているとき，$f_s \geqq 2W$ の標本化周波数で標本化すれば，標本化された離散時間信号から元の連続時間信号を完全に復元できる。

標本化された信号のスペクトル
標本化周波数を周期とする周期スペクトルとなる（1周期分が元の信号のスペクトルに相当）。

標本化定理の直観的な説明
離散時間信号の周期的に並んだスペクトルが重なっていなければ，通過域 $-W \sim W$ の低域通過フィルタで1周期分だけを抽出することにより，元の連続時間信号を復元できる。

第6章　離散フーリエ変換と高速フーリエ変換 ― フーリエ変換を離散化する ―

離散フーリエ変換（DFT）
フーリエ変換を離散化すると DFT になる。

離散フーリエ変換の性質
DFT はデータ長 N と同じ周期をもち，N 個のデータから N 個の係数への線形変換である。離散たたみこみ定理が成り立ち，線形システムの伝達関数が定義できる。

高速フーリエ変換（FFT）
DFT には画期的な高速計算アルゴリズム（FFT）がある。
FFT バタフライを単位とする完全並列演算により，複素乗算回数が $(1/2)N\log_2 N$ 回（直接計算では N^2）となる。

第7章　離散時間システム ― 離散たたみこみと z 変換による扱いを学ぶ ―

離散時間システムとその応答
離散時間システムの応答は，入力と単位パルス応答の離散たたみこみによって与えられる。単位パルス応答の時間長によって，FIR と IIR に分類できる。

z 変換と伝達関数
離散時間システムの伝達関数は，z 変換によって記述される。伝達関数は z^{-1} の有理関数となる。周波数伝達特性は周期的になる。

離散時間システムの構成
離散時間システムは，伝達関数から直接的にリカーシブあるいはノンリカーシブな回路として構成できる。

第8章　二次元信号とスペクトル ― 本書の一次元信号解析は，そのまま二次元へ拡張される ―

二次元フーリエ変換
一次元のフーリエ変換は二次元信号に拡張でき，x 方向と y 方向の空間周波数が定義される。

二次元システム
二次元システムでは，点拡がり関数と光学的な伝達関数が定義される。
また，光学的な干渉（モアレ）も，空間周波数の移動によって説明できる。

二次元標本化と二次元離散フーリエ変換
x 方向と y 方向の双方を離散化する二次元標本化が定義され，二次元標本化定理も成り立つ。
離散フーリエ変換（DFT）も二次元に拡張することができ，その高速計算アルゴリズムも導かれる。

第9章　エピローグ ― 本書をまとめて，今後の学びへつなげる ―

ま え が き

　これはその名のとおり信号解析の教科書です。教科書ですから，講義で使用されることを想定していますが，独習書として読めるようにも配慮されています。その内容は，私自身が東京大学を定年退職するまで工学部の電気系学科の学生を対象として行った講義のノートがもとになっています。そのノートに基づいていますが，この教科書はもっと広い読者を想定しました。

　この本を執筆するにあたって，私には悩みがありました。一つは，信号解析あるいは信号処理の教科書は，すでに多数執筆されていることです。私が存じ上げている先生が執筆された優れた解説書もあります。そこに，もう1冊さらに出版する意義はどこにあるのか，私自身納得できなければ，執筆する意欲もわきません。

　一方で，これまでの教科書には少し不満がありました。信号解析でもっとも基本となる問いにわかりやすく答えていないように思えたからです。例えば，信号解析ではあたりまえのようにまず正弦波がでてきます。なぜなのでしょうか。そしてそれは万能なのでしょうか。そもそも正弦波は信号解析においてどのように位置づけられているのでしょうか。さらには信号解析では複素数を用いた解析が欠かせません。なぜ複素数なのでしょうか。

　ここでは，そのような信号解析の全体像がつかめるように意識して執筆しました。信号解析にはきれいな体系があります。実は信号やシステムを複素数で扱わないと，きれいにはなりません。正弦波も実数のままでは，その本質が見えてきません。信号解析を単に信号を解析するテクニックとしてでなく，その全体の体系を理解しながら学習できる，そのような教科書を執筆できればと思いました。

　そしてもう一つ，信号解析は物理現象と密接に関係した体系です。例えば正弦波を用いた信号解析の有力な手法としてフーリエ変換があります。フーリエ変換はもともとは数学的な概念ですが，信号解析の立場からは，その数式表現には物理的な意味があります。変換される関数 $x(t)$ の変数 t は時間ですし，変換した後の関数 $X(f)$ の変数 f は周波数（1秒間当りの振動数）です。フーリエ変換で成り立つさまざまな定理も，それぞれ物理的な意味があります。

　ここでは，信号解析に登場するさまざまな数学的な手法を，単に数学としてでなく，できるだけその物理的な意味も含めて記述するようにつとめました。そのため，数学的な厳密性はあえて無視したところがあります。例えば，フーリエ級数展開やフーリエ変換の収束は数

学的には大問題ですが，ここでは収束を前提として議論を進めました。実際の応用では収束することが大部分であるからです。

そして最後に，この本に信号解析に関連する話題をどこまでつめこむべきか悩みました。私が担当した東京大学の講義は，実は2科目ありました。「信号解析基礎」と「信号処理工学」です。これは教え方にもよると思いますが，信号解析全体を二つの講義で教えようとすると，次の二通りの分け方があります。

1）　連続時間の信号解析と（サンプルされた）離散時間の信号解析に分けて，それぞれの講義で扱う。前者をアナログ信号解析，後者をディジタル信号解析と呼ぶこともあります。

2）　確率的な変動のない信号（確定信号と呼ぶこともあります）の解析と変動のある信号（不規則信号と呼ぶこともあります）の解析に分けて，それぞれの講義で扱う。

ここでは後者の立場から，確率的な変動がない信号解析のみに絞って，この教科書を執筆することにしました。確率的に変動する不規則信号も扱おうとすると，どうしても確率論や確率過程論がその予備知識として必要になってしまうからです。東京大学での講義も私が担当したときはこの分け方を採用しました。その意味では，この本は「確定信号を対象とした信号解析」の教科書という位置づけになっています。両方を含めると大部になってしまうという理由で，「不規則信号を扱う信号解析」は含まれていません。お許しいただければ幸いです。

最後に，ぜひとも御礼を申し上げたい人がいます。それは東京大学での私の講義に，それぞれの学期で熱心につきあっていただいた学生諸君です。君たちがいなければ，この本はありませんでした。ありがとうございました。

　2018年1月

　　　　　　　　　　　　　　　　　　　　　　　　原　島　　博

目　　　　次

第0章　プロローグ

0.1　いろいろな信号 ………………………………………………………… 2

0.2　信号の分類 ……………………………………………………………… 3

0.3　システム ………………………………………………………………… 4

0.4　本書の構成 ……………………………………………………………… 6

第1章　正弦波と線形システム

1.1　正弦波信号 ……………………………………………………………… 8
- 1.　正弦波信号とは　*8*
- 2.　正弦波信号は円運動の見かけの姿である　*9*
- 3.　正弦波は周期をもつ　*10*
- 4.　正弦波信号の分解と合成　*10*

1.2　線形システム ………………………………………………………… 11
- 1.　線形システムとは　*11*
- 2.　線形システムの表現　*12*
- 3.　線形システムの例　*12*
- 4.　線形システムの扱い方　*13*

1.3　線形システムの正弦波応答 ………………………………………… 14

1.4　線形システムのインパルス応答 …………………………………… 15
- 1.　インパルス信号とは　*15*
- 2.　インパルス信号の性質　*15*
- 3.　任意の信号波形のインパルス信号による表現　*16*
- 4.　線形システムのインパルス応答　*16*
- 5.　任意の信号に対する線形システムの応答　*17*

1.5　信号を正弦波の和で表す（フーリエ級数展開入門） ……………… 18
- 1.　波形の正弦波による近似　*18*
- 2.　フーリエ級数展開　*19*

理解度チェック …………………………………………………………… *20*

iv　目　次

第2章　信号とシステムの複素領域での扱い

2.1　複素数と複素平面 22
　　　1.　複素数の定義　　*22*
　　　2.　複素数の演算　　*22*
　　　3.　複素平面　　*23*
　　　4.　オイラーの公式　　*24*

2.2　複素正弦波信号 25
　　　1.　複素平面の円運動と正弦波信号　　*25*
　　　2.　複素正弦波信号の定義　　*26*
　　　3.　一般の複素正弦波信号　　*27*
　　　4.　実数の正弦波信号の複素正弦波信号による合成　　*27*

2.3　複素伝達関数 29
　　　1.　伝達関数の定義　　*29*
　　　2.　振幅伝達特性と位相伝達特性　　*29*

理解度チェック 30

第3章　フーリエ級数展開とフーリエ変換

3.1　フーリエ級数展開 32
　　　1.　フーリエ級数展開の定義　　*32*
　　　2.　直交関数展開　　*32*
　　　3.　フーリエ係数　　*33*

3.2　フーリエ変換 34
　　　1.　フーリエ変換の導出　　*34*
　　　2.　フーリエ変換の定義　　*34*
　　　3.　フーリエ変換の周波数表示　　*35*
　　　4.　双対性　　*36*

3.3　フーリエ級数展開とフーリエ変換の収束 36
　　　1.　フーリエ級数展開が収束するための条件　　*36*
　　　2.　フーリエ変換が収束するための条件　　*38*

3.4　フーリエ変換の例 38

3.5　フーリエ級数展開の例 43
　　　1.　フーリエ係数とフーリエ変換の関係　　*43*
　　　2.　フーリエ級数展開の例　　*44*

理解度チェック 46

第4章　周波数スペクトルと線形システム

4.1　連続スペクトルと離散スペクトル ………………………………………… 48

4.2　実数値をとる信号のスペクトル ………………………………………… 51

4.3　周波数スペクトルの性質 ………………………………………… 52

4.4　パーセバルの等式 ………………………………………… 54
　　　1.　フーリエ級数展開におけるパーセバルの等式　54
　　　2.　フーリエ変換におけるパーセバルの等式　54
　　　3.　パーセバルの等式の意味　54

4.5　時間幅と周波数幅 ………………………………………… 55
　　　1.　有限の時間幅，周波数幅の制限　55
　　　2.　実効時間幅と実効周波数幅　55

4.6　たたみこみ定理 ………………………………………… 56
　　　1.　時間軸上のたたみこみ定理　56
　　　2.　周波数軸上のたたみこみ定理　57
　　　3.　時間軸上の相関関数　57

4.7　線形システムの入出力特性 ………………………………………… 58
　　　1.　周波数領域における入出力特性　58
　　　2.　時間領域における入出力特性　59
　　　3.　二つの入出力特性の関係　59

4.8　線形システムの応答の求め方 ………………………………………… 60

理解度チェック ………………………………………… 61

第5章　信号の標本化とそのスペクトル

5.1　信号の標本化 ………………………………………… 64
　　　1.　標本化とは　64
　　　2.　標本化された信号列の表現　65

5.2　変　調 ………………………………………… 66
　　　1.　変調としての標本化　66
　　　2.　正弦波信号どうしの変調　66
　　　3.　複素正弦波信号どうしの変調　67
　　　4.　一般の信号の正弦波による変調　68

5.3　標本化された信号のスペクトル ………………………………………… 69

5.4　標本化定理 ………………………………………… 70

vi 目 次

| 1. 標本化定理とは　*70*
| 2. 標本化定理の直感的な証明　*71*

5.5 信号の補間 ……………………………………………………………………… *72*

5.6 標本化定理の意味 …………………………………………………………… *74*
| 1. 標本化定理は何を意味するか　*74*
| 2. 折り返し歪み　*74*
| 3. 標本化定理の応用　*75*

5.7 信号とスペクトルのまとめ ……………………………………… *75*

5.8 離散フーリエ級数展開 …………………………………………………… *77*
| 1. 離散フーリエ級数展開の定義　*77*
| 2. 係数の周期性　*77*

理解度チェック ………………………………………………………………… *78*

第6章　離散フーリエ変換と高速フーリエ変換

6.1 離散フーリエ変換 ……………………………………………………… *80*
| 1. 有限長の標本値列のフーリエ変換　*80*
| 2. 離散フーリエ変換の定義　*80*
| 3. 回転子 W_N　*81*
| 4. 離散フーリエ変換の周期性　*81*
| 5. 離散フーリエ逆変換　*82*

6.2 離散フーリエ変換の本質 ……………………………………… *83*

6.3 離散フーリエ変換の性質 ……………………………………… *84*
| 1. 実数のデータの DFT　*85*
| 2. パーセバルの等式　*85*

6.4 離散たたみこみ定理 …………………………………………………… *86*
| 1. 直線たたみこみと循環たたみこみ　*86*
| 2. 離散たたみこみ定理　*87*

6.5 離散フーリエ変換の行列表現 ……………………………… *88*

6.6 高速フーリエ変換 ……………………………………………………… *89*
| 1. 離散フーリエ変換の演算量　*89*
| 2. 高速フーリエ変換の考え方　*89*
| 3. 高速フーリエ変換アルゴリズム　*90*

6.7 高速フーリエ変換の性質 ……………………………………… *93*
| 1. バタフライ演算　*93*
| 2. FFT アルゴリズムの特徴　*93*
| 3. FFT の行列表示　*94*

理解度チェック 95

第 7 章　離散時間システム

7.1　線形で時不変な離散時間システム 98
  1.　離散時間システム　*98*
  2.　線形離散時間システム　*98*
  3.　時不変離散時間システム　*98*

7.2　離散時間システムの応答 99
  1.　単位パルス応答　*99*
  2.　一般の入力に対する応答　*99*

7.3　z 変換 101
  1.　z 変換の定義　*101*
  2.　フーリエ変換との関係　*101*
  3.　z 変換の例　*102*
  4.　z 変換の収束性　*102*

7.4　離散たたみこみ定理と伝達関数 103
  1.　離散たたみこみ定理　*103*
  2.　z 領域伝達関数　*103*
  3.　周波数特性　*104*

7.5　FIR システムと IIR システム 105
  1.　FIR システム　*105*
  2.　IIR システム　*106*

7.6　離散時間システムの回路構成 108
  1.　リカーシブな構成とノンリカーシブな構成　*108*
  2.　伝達関数と回路構成の関係　*108*
  3.　回路の縦属型構成　*109*
  4.　二次の IIR 回路による実現　*109*

理解度チェック 110

第 8 章　二次元信号とスペクトル

8.1　二次元フーリエ変換 112
  1.　二次元信号　*112*
  2.　二次元フーリエ変換　*113*
  3.　二次元フーリエ変換の意味　*113*
  4.　二次元正弦波信号　*113*

viii　目　次

　　　│　5.　二次元スペクトル　　*114*

8.2　二次元システム　　………………………………………………………………………………　*116*
　　　│　1.　二次元システム　　*116*
　　　│　2.　入出力特性　　*116*

8.3　モアレと変調　　…………………………………………………………………………………　*117*
　　　│　1.　モアレ　　*117*
　　　│　2.　変　調　　*118*

8.4　走査と標本化　　…………………………………………………………………………………　*119*
　　　│　1.　走　査　　*119*
　　　│　2.　二次元標本化　　*120*
　　　│　3.　二次元標本化定理　　*120*
　　　│　4.　三角形格子による標本化　　*121*

8.5　二次元離散フーリエ変換　　……………………………………………………………………　*122*
　　　│　1.　二次元離散フーリエ変換　　*122*
　　　│　2.　一次元離散フーリエ変換との関係　　*122*
　　　│　3.　二次元高速フーリエ変換　　*123*

理解度チェック　　……………………………………………………………………………………　*124*

第9章　エピローグ

9.1　この本のまとめ　　………………………………………………………………………………　*126*

9.2　信号解析の展開　　………………………………………………………………………………　*128*

付　録　…………………………………………………………………………………………………　*129*
　　　│　A.1　フーリエ変換の定義について　　*129*
　　　│　A.2　ラプラス変換　　*130*

理解度チェックの解説　　…………………………………………………………………………　*136*
索　引　………………………………………………………………………………………………　*152*

0

プロローグ

概　要

　本書では，信号とシステムの扱い方を学ぶ。

　まずは，信号とシステムがどのように分類されるのかを示して本書の導入とする。

　あわせて，本書がどのような構成になっているかを示して，その学び方を解説する。

0.1 いろいろな信号

　私たちが生活する空間は，さまざまな信号であふれている。例えば，マイクに向かって"アー"と声を出すと，マイクには**図 0.1**（a）のような波形の電流が流れる。地震が起きたとき，地震計では図（b）のような波形（地震波）が観測される。人の頭に電極を当てると，図（c）のような波形（脳波）が観測される。音叉を振動させると，図（d）のようなきれいな波が生まれる。コンピュータの内部では，図（e）のようなパルス的に変化する信号も使われる。このように時間とともに変化する波形を，**時間信号**（time signal）と呼ぶ。

（a）音声波

（b）地震波

（c）脳波

（d）音叉

（e）パルス

図 0.1　いろいろな信号

0.2 信号の分類

時間信号にはさまざまなものがある。おおまかに分類すると次のようになる。

（1）　確定信号と不規則信号

自然界にある現象を観測して得られる信号は，観測のたびに不規則に変動して，違った波形になることが多い。どのような波形になるかは確率的に考えたほうがいい。そのように不規則に確率的に変動する信号は**不規則信号**（random signal）あるいは**確率的信号**（stochastic signal）と呼ばれる。これに対して人工的には，確率的な変動はなく，いつも同じ波形を作り出すことができる。これは**確定信号**（deterministic signal）と呼ばれる。例えば，図0.1（d）の音叉信号，図（e）のパルス信号は確定信号とみなせる。

（2）　周期信号と非周期信号

確定信号には，時間をずらすと同じ値になるものがある。すなわち周期的に同じ波形が繰り返される。これを**周期信号**（periodic signal）という。これに対して，周期をもたない信号を**非周期信号**（nonperiodic signal）という。不規則信号は，確率的に変動しているという意味では，厳密にいうとすべて非周期信号である。しかし，長い時間観測すると非周期的であっても，短い時間では同じ波形が繰り返され，その範囲では周期的とみなされる信号も多い。例えば，図0.1（a）の音声波形で示したアーという母音部分は，近似的に周期的とみなせる。これに対して図（b）の地震波は，地震が起きたときだけに観測され，非周期信号である。

（3）　連続時間信号と離散時間信号

これまで述べた信号はすべて時間 t で定義されていて，その波形は連続的な時間 t を変数として $x(t)$ と記すことができる。これは**連続時間信号**（continuous time signal）と呼ばれる。一方，コンピュータなどのディジタル機器では，T_0 秒ごとの離散的なとびとびの時点の信号値

$$x(0),\ x(T_0),\ x(2T_0),\ x(3T_0),\ \cdots$$

だけを扱うことが多い。これは**離散時間信号**（discrete time signal）と呼ばれている。**図0.2**は，連続時間信号と離散時間信号の違いを示したものである。

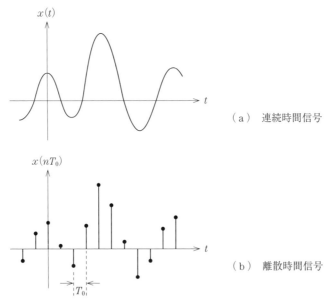

(a) 連続時間信号

(b) 離散時間信号

図 0.2 連続時間信号と離散時間信号

0.3 システム

　本書では，信号だけでなく，それが関係する**システム**（system）も一緒に扱う。一般に，信号は図 0.3 に示すように，何らかのシステムから観測される。例えば，脳波は脳というシステムの活動の反映である。

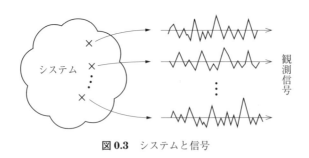

図 0.3 システムと信号

　また，信号処理の分野では，図 0.4 に示すように，システムに対して信号 $x(t)$ が入力されたときに，そのシステムの出力信号 $y(t)$ がどうなるかを調べることが目的となる。このようなシステムは**伝送システム**と呼ばれる。例えば，通信や音声処理の分野で使われるフィ

図 0.4　伝送システム

ルタは，入力信号から欲しい成分だけを出力として抽出することを目的としている。これは代表的な伝送システムである。

　本書では，主として伝送システムを対象とする。システムは，伝送システムに限ってもさまざまなものがある。これは次のように分類できる。

（1）　線形システムと非線形システム

　システムの入出力関係が，第1章で述べるように"線形"であるとき，**線形システム**（linear system）という。線形でないときは**非線形システム**（nonlinear system）となる。線形システムは人工的に作りやすく，特性の解析も比較的簡単であるので，よく使われる。自然界にあるシステムも，近似的に線形とみなしてもいいものが多い。本書では主として線形システムを対象とする。

（2）　連続時間システムと離散時間システム

　入力信号と出力信号がいずれも連続時間信号であるシステムを**連続時間システム**（continuous time system）という。本書ではまずこれを扱う。これに対して，いずれもが離散時間信号であるシステムを**離散時間システム**（discrete time system）という。本書の後半ではこれを扱う。最近では信号をディジタル的に処理することが多くなって，離散時間システムが重要になった。

　このほかに，システムの特性が時間的に変化するか固定されているかによって，**時変システム**（time variant system）と**時不変システム**（time invariant system）に分類することがある。ほとんどは時不変システムであるが，係数を自動的に再調整する機能がある適応フィルタは，係数が時間的に変化するという意味で，時変システムとみなせる。

0.4 本書の構成

　本書では，確定信号を対象として，その性質を明らかにするとともに，関連するシステムの扱い方も解説する。本書の冒頭の図は，本書の構成を示したものである。

　前半（第1章～第4章）で，まず連続時間信号と連続時間システムを扱う。その基本となるのは正弦波信号と線形システムである。また，任意の信号を正弦波の組合せで表現するフーリエ級数展開とフーリエ変換の基礎を学ぶ。

- ・第1章「**正弦波と線形システム**」では，正弦波信号と線形システムをまずは実数の範囲で学び，信号解析の考え方を身につける。
- ・第2章「**信号とシステムの複素領域での扱い**」では，正弦波と線形システムの扱いを複素数に拡張する。これによって信号解析が実数で扱うよりもはるかに簡単になることを知る。
- ・第3章「**フーリエ級数展開とフーリエ変換**」では，信号解析の数学的な基盤となるフーリエ解析を，その物理的な意味も含めて学ぶ。
- ・第4章「**周波数スペクトルと線形システム**」では，フーリエ解析を用いて信号の周波数スペクトル，さらには線形システムの入出力特性がどう表現されるかを学ぶ。

　本書の後半（第5章～第7章）では，離散時間信号と離散時間システムを対象とする。そこで扱われる手法は離散フーリエ変換と z 変換である。

- ・第5章「**信号の標本化とそのスペクトル**」では，連続時間信号を離散時間信号に変換する標本化について学ぶ。周波数スペクトルの帯域が制限されているときに，信号は情報を失うことなく離散化できることを知る。
- ・第6章「**離散フーリエ変換と高速フーリエ変換**」では，フーリエ変換を離散化すること，さらにはその高速計算法であるFFTについて，そのアルゴリズムを学ぶ。
- ・第7章「**離散時間システム**」では，線形システムの離散時間での扱い方を，z 変換を中心に学ぶ。

　そして最後の第8章が「**二次元信号とスペクトル**」である。そこでは，本書の一次元信号解析がそのまま画像信号などの多次元信号に拡張される。

正弦波と線形システム

1

概　要

　信号解析を学ぶうえで，まずはその基本となる正弦波と線形システムについて理解を深めておくことが大切である。本章では，正弦波信号の定義を示して，それが円運動の投影として表されることを学ぶ。引き続いて線形システムの基本的な性質を学び，これを解析するときは何が課題になるかを知る。最後に一般の信号を正弦波の組合せで表すことを考える。

　なお，信号解析に際しては次章で述べる複素領域の扱いが威力を発揮するが，ここではとりあえず実数の範囲で，信号解析そのもののイメージをつかんでいただきたい。

1.1 正弦波信号

1. 正弦波信号とは

もっとも単純でしかも重要な信号は，時間 t によって変化する次のような信号である。

$$x(t) = A \sin \omega t \tag{1.1}$$

$$x(t) = A \cos \omega t \tag{1.2}$$

これはそれぞれ図 1.1（a），（b）のような波形で表される。式(1.1)（図（a））は**正弦波**（sine wave），式(1.2)（図（b））は**余弦波**（cosine wave）と呼ばれる。この二つの信号は次のように一般化できる。

$$x(t) = A \cos (\omega t + \theta) \tag{1.3}$$

ここに，信号の大きさを表す A を**振幅**（amplitude），ω を**角周波数**（angular frequency），θ を**位相**（phase）と呼ぶ。式(1.3)は，$\theta = 0$ のとき余弦波，$\theta = -\pi/2$ のとき正弦波となる。このように正弦波と余弦波は時間（位相）をずらせば同じ信号であり，これを一般化した式(1.3)を（cos 関数で表現しても），**正弦波**（sinusoidal wave）あるいは**正弦波信号**（sinusoidal signal）と呼ぶことが多い。

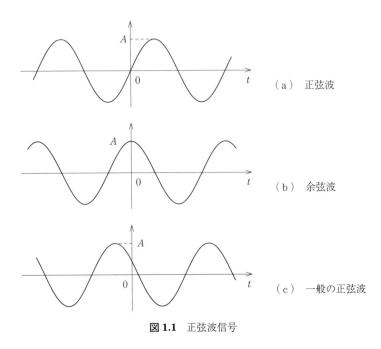

図 1.1 正弦波信号

2. 正弦波信号は円運動の見かけの姿である

　正弦波信号は，円運動と密接に関係している。これを説明するために，まずは三角比ならびに三角関数の復習をしておこう。三角比は，**図 1.2** の三角形 OPQ において

$$\cos\phi = \frac{\mathrm{OQ}}{\mathrm{OP}}, \qquad \sin\phi = \frac{\mathrm{PQ}}{\mathrm{OP}}$$

とそれぞれ定義される。この三角形の長辺 A を一定にして，角度 ϕ だけを時間に比例して変化させると，頂点 P は図のように，原点を中心に半径 A の円周上を等速に（反時計回りに）運動する。

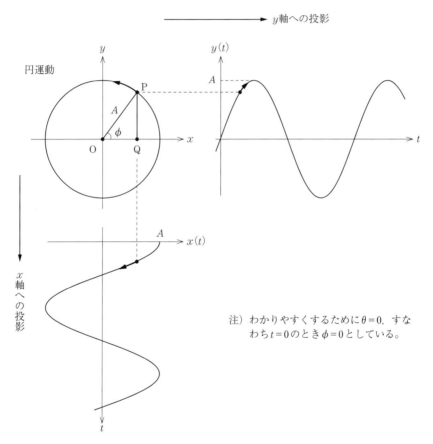

図 1.2 円運動と正弦波信号

　この運動を図の下や横からみると，点 P はどのように運動するように見えるであろうか。下からみるには点 P の x 座標，横からみるには y 座標を調べればいい。すなわち

　　　x 座標：$\mathrm{OQ} = \mathrm{OP}\cos\phi$, 　　y 座標：$\mathrm{PQ} = \mathrm{OP}\sin\phi$

であるから，OP の長さを A として角度 ϕ を，$\phi = \omega t + \theta$ とすると（つまり，$t = 0$ のときの角度を $\phi = \theta$ とする）x 座標と y 座標の時間変化は

$$x(t) = A\cos(\omega t + \theta), \qquad y(t) = A\sin(\omega t + \theta)$$

となる。これは正弦波信号にほかならない。言い換えると正弦波信号は，二次元的な円運動の，ある一つの方向への投影なのである。

3. 正弦波は周期をもつ

いくつか正弦波信号の性質をつけ加えておこう。

正弦波信号は，一定の時間間隔で同じ波形が繰り返される。すなわち，正弦波信号は周期信号である。この同じ波形が繰り返される最小の時間を（基本）**周期**（period）といい，T の記号で表す。単位は秒〔s〕とすることが多い。

また正弦波信号において，1 秒間にある 1 周期分の波形の数は $f = 1/T$ となる。この f は**周波数**（frequency）と呼ばれる。正弦波信号は，もともとの三角関数が 2π ずれると同じ値になるから，$\omega T = 2\pi$ つまり $\omega = 2\pi/T$ となり，これより，角周波数 ω と周波数 f の間には

$$\omega = 2\pi f \tag{1.4}$$

の関係があることがわかる。これを式(1.3)に代入すると

$$x(t) = A\cos(2\pi f t + \theta) \tag{1.5}$$

これが，周波数 f を用いた正弦波信号の一般的な表現である。

4. 正弦波信号の分解と合成

さらに次のような重要な性質がある。

（1） 任意の位相の正弦波信号は，$\sin\omega t$ と $\cos\omega t$ の線形和で表現される。

すなわち，三角形の加法定理を用いれば

$$\cos(\alpha + \beta) = \cos\alpha\cos\beta - \sin\alpha\sin\beta \tag{1.6}$$

であるから，これを式(1.5)に代入すると，次の関係が得られる（理解度チェック1.1）。

$$x(t) = A\cos(\omega t + \theta) = a\cos\omega t + b\sin\omega t \tag{1.7}$$

ただし，$a = A\cos\theta, \qquad b = -A\sin\theta$

（2） 同じ周波数の正弦波信号の和（差）も同じ周波数の正弦波信号である。

これは単振動の合成により

$$a_1\cos(\omega t + \theta_1) \pm a_2\cos(\omega t + \theta_2) = A\cos(\omega t + \theta) \tag{1.8}$$

ここに

$$A = \sqrt{(a_1\cos\theta_1 \pm a_2\cos\theta_2)^2 + (a_1\sin\theta_1 \pm a_2\sin\theta_2)^2} \tag{1.9}$$

$$\theta = \tan^{-1}\left(\frac{a_1\sin\theta_1 \pm a_2\sin\theta_2}{a_1\cos\theta_1 \pm a_2\cos\theta_2}\right) \tag{1.10}$$

となり，和と差も同じ周波数の正弦波信号となる。
（3） 正弦波信号の時間に関する微分と積分も同じ周波数の正弦波信号である。
三角関数において，正弦関数を微分あるいは積分すると形は余弦関数となることはよく知られている。

1.2 線形システム

一般的な信号を解析するときに，正弦波信号が基本的な役割を担っている。なぜだろうか。それは自然界や人工的なシステムに，線形システムあるいはそれで近似できるシステムが多く，その線形システムと正弦波信号の相性が極めていいからである。

1. 線形システムとは

図 1.3 のような，入力 $x(t)$ を出力 $y(t)$ に変換するシステムを考えよう。これは，図のように表現して，その入出力関係を以下のように記す。

$$y(t) = \phi[x(t)] \quad \text{あるいは} \quad x(t) \to y(t)$$

図 1.3　システム

システムは次の性質があるとき，**線形**（linear）であると呼ばれる。
（1） 二つの信号の和が入力されたとき，出力はそれぞれの出力の和である。すなわち
$x_1(t) \to y_1(t)$, $x_2(t) \to y_2(t)$ のとき
$$x_1(t) + x_2(t) \to y_1(t) + y_2(t)$$
（2） 入力を定数倍すると出力も同じ定数倍になる。
$$ax(t) \to ay(t)$$
これをまとめると，**線形システム**（linear system）は次のように定義される。

定義 1.1（線形システム）

システムにおいて，$x_1(t) \to y_1(t)$, $x_2(t) \to y_2(t)$ のとき
$$ax_1(t) + bx_2(t) \to ay_1(t) + by_2(t)$$
となれば，そのシステムは線形であるという。

言葉で表現すると，入力が線形和で表現されているときに，出力も入力と同じ係数の線形和になっているときに，そのシステムは線形である。

2. 線形システムの表現

これを拡張すると，線形システムは次のように数式表現することができる。

線形システムにおいて，入力信号 $x(t)$ が
$$x(t) = \sum_k a_k x_k(t) \tag{1.11}$$
であるとき，出力 $y(t)$ は
$$y(t) = \phi[x(t)] = \sum_k a_k \phi[x_k(t)] \tag{1.12}$$

3. 線形システムの例

システム $y(t) = \phi[x(t)]$ において，変換 ϕ が線形になる例をいくつか挙げる。

・例1　定数倍：$y(t) = c \cdot x(t)$
　　　（この入出力関係は**図 1.4**（a）のように直線になる。線形という名称はこれに由来する）
・例2　時間に関する微分：$y(t) = dx(t)/dt$
・例3　時間に関する積分：$y(t) = \int^t x(\tau) d\tau$
・例4　加（減）算：$y(t) = \phi_1[x(t)] + \phi_2[x(t)]$（ただし ϕ_1 と ϕ_2 はいずれも線形）
・例5　定数倍，微積分，加減算の組合せで実現できるシステム

これらがみな線形であることは式(1.11)を適用することで証明できる。各自試みられたい（理解度チェック 1.2）。

逆に線形でない例も挙げておこう。

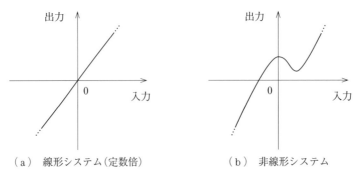

（a）線形システム（定数倍）　　　（b）非線形システム

図 1.4　線形システムと非線形システム

・線形でない例1　図1.4（b）のような非線形の入出力特性をもつシステム
・線形でない例2　信号と信号の積（例えば信号のn乗は非線形である）

4. 線形システムの扱い方

式(1.11)と式(1.12)で表現された線形システムの応答は，言葉で表現すると次のようになる（**図1.5**参照）。

> 「基本入力$x_k(t)$の線形合成」に対する応答は
> 「それぞれの基本入力$x_k(t)$の応答」の線形合成である。

これは，線形システムにおいて応答を求めるときに，すべての入力に対して別々に計算する必要がないことを意味している。基本入力$x_k(t)$に対してのみ応答がわかれば，それを用いて基本入力$x_k(t)$の線形合成で表現されるすべての入力の応答が求められるからである。これが線形システムの本質である。

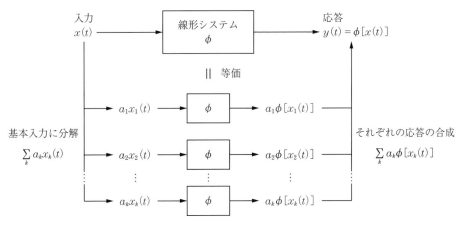

図1.5　線形システムの扱い方

このことから，線形システムを扱うときは，次の課題を解決すればよいことになる。

・課題1　基本入力$x_k(t)$として，どのような信号を選んだらよいか？
・課題2　基本入力$x_k(t)$に対するシステムの応答を求める方法は？
・課題3　任意の入力信号を，基本入力$x_k(t)$の線形合成で表現する方法は？

結論を先にいえば，この課題1に対しては正弦波信号とインパルス信号と呼ばれているものが適している。課題2に関しては，正弦波信号に対しては伝達関数，インパルス信号に対してはインパルス応答が，それぞれ重要な役割を果たす。課題3に対しては，フーリエ解析という美しい理論体系が用意されている。本書では，これらを一つずつ丁寧に学んでいこう。

1.3 線形システムの正弦波応答

すでに述べたように，正弦波信号は，これに加減算や微分・積分などの線形処理を適用しても，その結果は同じ周波数の正弦波信号となる。一般に，**図 1.6** のように**線形システムに正弦波信号を入力すると，出力も同じ周波数の正弦波信号となる**。

図 1.6 線形システムの正弦波応答

このとき変化するのは振幅と位相だけである。この変化量は周波数 f によって異なる。そこで，入力 $x(t)$ と出力 $y(t)$ をそれぞれ

入力：$x(t) = A_1 \cos(\omega t + \theta_1) = A_1 \cos(2\pi f t + \theta_1)$ (1.13)

出力：$y(t) = A_2 \cos(\omega t + \theta_2) = A_2 \cos(2\pi f t + \theta_2)$ (1.14)

とおいたとき，変化量として

- 振幅については，入出力信号の振幅の比：A_2/A_1
- 位相については，入出力信号の位相の差：$\theta_2 - \theta_1$

を周波数 f の関数として表し，それぞれを線形システムの**振幅伝達特性**，**位相伝達特性**と呼ぶことにしよう。これらは，**図 1.7** のようにグラフで表示されることが多い。

このように，**線形システムの正弦波応答は，その振幅伝達特性と位相伝達特性を周波数の関数として表示することによって記述される**。

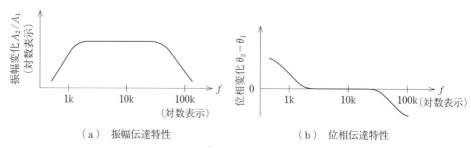

（a）振幅伝達特性　　　　（b）位相伝達特性

図 1.7 振幅伝達特性と位相伝達特性

1.4 線形システムのインパルス応答

線形システムの基本入力信号として，**インパルス信号**（impulse signal）と呼ばれる特殊な信号を考えることもある。

1. インパルス信号とは

インパルス信号は，直感的にいうと，$t=0$ のときだけ値が ∞（無限大），それ以外では値がゼロとなって，波形の面積が 1 である信号である。記号として $\delta(t)$ を用い，**δ 関数**（delta function）と呼ぶこともある。すなわち

$$\delta(t) = \begin{cases} \infty & (t=0) \\ 0 & (t \neq 0) \end{cases} \tag{1.15}$$

$$\int_{-\varepsilon}^{\varepsilon} \delta(t)\,dt = 1 \tag{1.16}$$

これは，**図 1.8** のような方形波信号の面積を 1 に保ったまま時間幅を限りなくゼロに近づけた極限として定義される。極限であるから，実際には存在しない（そのような関数は超関数と呼ばれる）。しかし仮にこのような信号を想定すると，線形システムの扱いが楽になる。

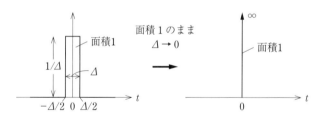

図 1.8 方形波信号の極限としてのインパルス信号

2. インパルス信号の性質

インパルス信号には，次のような性質がある（理解度チェック 1.2）。

> $x(t_0)$ が $t=t_0$ で連続なとき
>
> $$\int_{-\infty}^{\infty} \delta(t-t_0) x(t)\,dt = x(t_0) \tag{1.17}$$

実は，この式(1.17)の関係はインパルス信号つまり δ 関数の性質ではなくて，δ 関数の定義ともみなせる。すなわち，式(1.17)をみたす関数を δ 関数として定義するのである。

3. 任意の信号波形のインパルス信号による表現

信号 $x(t)$ をインパルス信号 $\delta(t)$ とその時間をずらした $\delta(t-\tau)$ （$-\infty<\tau<\infty$）で表現することを考えてみよう。まずは，インパルス信号を時間幅 Δt，高さ $1/\Delta t$（すなわち面積 1）の方形波信号 $D(t)$ で近似して，その組合せで $x(t)$ を表現すると，**図 1.9** に示すように

$$x(t) \fallingdotseq \sum_i x(t_i) D(t-t_i) \Delta t \tag{1.18}$$

ただし

$$D(t) = \begin{cases} \dfrac{1}{\Delta t} & \left(|t|<\dfrac{\Delta t}{2}\right) \\ 0 & （上記以外） \end{cases} \tag{1.19}$$

となる。ここで方形波信号 $D(t)$ の面積を 1 に保ったまま時間幅 Δt をゼロに近づけると，$x(t)$ の近似はよくなり，$D(t) \to \delta(t)$ であるから

$$x(t) = \int_{-\infty}^{\infty} x(\tau) \delta(t-\tau) d\tau \tag{1.20}$$

となる。これが，インパルス信号 $\delta(t-\tau)$ を基本信号として，その線形和（積分も線形和である）の形で任意の信号波形 $x(t)$ を表現したものである。右辺にも左辺と同じ $x(\cdot)$ があるのでわかりにくいかもしれないが，右辺の $x(\tau)$ は，$t=\tau$ のときの $x(t)$ の値であって，それが基本波形 $\delta(t-\tau)$ の係数としてついているのである。

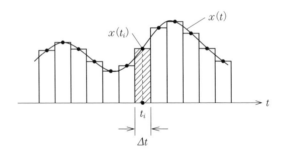

図 1.9 信号 $x(t)$ の方形波信号による近似

4. 線形システムのインパルス応答

線形システムにインパルス信号 $\delta(t)$ を入力としたときの出力応答 $h(t)$ を**インパルス応答**（impulse response）という（**図 1.10**）。すなわち

$$\delta(t) \to h(t)$$

もし，時間をずらして入力したときも，同じ時間だけずれた同じ応答が得られるときは

$$\delta(t-\tau) \to h(t-\tau)$$

図 1.10 インパルス応答

となる。この式が時間 τ によらず成立するとき，このシステムは**時不変性**（time-invariant）をもつといわれる。

5. 任意の信号に対する線形システムの応答

線形システムに任意の信号 $x(t)$ を入力したときの出力応答 $y(t)$ は，どのように表現できるのであろうか。ここで 1.2 節で述べた線形システムの性質，すなわち

> 「基本入力 $x_k(t)$ の線形合成」に対する応答は
> 「それぞれの基本入力 $x_k(t)$ の応答」の線形合成である。

を思い起こしてみよう。ここで基本入力を $\delta(t-\tau)$ とすると，基本入力 $\delta(t-\tau)$ の線形合成で表現された入力信号 $x(t)$ は，式(1.20)すなわち

$$x(t) = \int_{-\infty}^{\infty} x(\tau)\delta(t-\tau)d\tau$$

となり，その応答 $y(t)$ は，それぞれの基本入力 $\delta(t-\tau)$ の応答 $h(t-\tau)$ の線形合成

$$y(t) = \int_{-\infty}^{\infty} x(\tau)h(t-\tau)d\tau \tag{1.21}$$

となる。あるいは，$t-\tau \to \tau$ とおいて変数変換すると

$$y(t) = \int_{-\infty}^{\infty} h(\tau)x(t-\tau)d\tau \tag{1.22}$$

となる。これは，数式的には $x(t)$ と $h(t)$ の**たたみこみ積分**（convolution）と呼ばれるものである。この積分は信号解析の分野ではたびたび登場するので，より簡潔にたたみこみ積と呼んで

$$y(t) = h(t) \otimes x(t) \tag{1.23}$$

と記すことがある。

式(1.22)は，線形システムにおいて，「**入力 $x(t)$ とインパルス応答 $h(t)$ が与えられれば，そのたたみこみ積分によって出力 $y(t)$ を計算できる**」ことを示している。

1.5 信号を正弦波の和で表す(フーリエ級数展開入門)

1.2 節の 4. 項で述べた三つの課題のうち，残されたのは
・課題 3　任意の入力信号を，基本入力 $x_k(t)$ の線形合成で表現する方法は？

である。基本入力としてインパルス関数を採用したときの表現については式(1.22)で説明した。ここでは，任意の信号 $x(t)$ を，正弦波信号の線形合成で表現することを考えよう。

この本格的な議論は正弦波信号を複素数で扱う必要があり，第 3 章で詳しく説明する。ここでは実数の正弦波信号を仮定して，その範囲で概要を述べることとする。

1. 波形の正弦波による近似

周期 T をもつ信号 $x(t)$ を考える。これを角周波数 $\omega_0 = 2\pi/T$ の整数倍の角周波数 $n\omega_0$ の正弦波の線形合成

$$x(t) = \sum_{n=0}^{\infty} A_n \cos(n\omega_0 t + \theta_n) \tag{1.24}$$

で表現することを考える。**図 1.11** は，この考え方を示したものである。

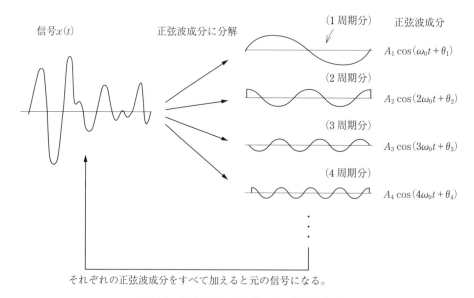

図 1.11 信号波形の正弦波による分解と合成

2. フーリエ級数展開

式(1.24)は，右辺の正弦波信号を sin 信号と cos 信号の和に分解して表現すると

$$x(t) = \frac{a_0}{2} + \sum_{n=1}^{\infty} (a_n \cos n\omega_0 t + b_n \sin n\omega_0 t) \tag{1.25}$$

ただし，$\omega_0 = \dfrac{2\pi}{T}$

となる。ここに $n=0$ は直流分であり，$n=1$ は基本波成分，$n=2,\ 3,\ \cdots$ は第 n 高調波成分と呼ばれる。

ここで問題は，式(1.25)のそれぞれの項の係数，a_n と b_n がどうなるかである。ここでは結論だけ示すと，それぞれ次のように与えられる（理解度チェック 1.4）。

$$a_n = \frac{2}{T} \int_{-T/2}^{T/2} x(t) \cos n\omega_0 t \, dt \qquad (n=0,\ 1,\ 2,\ \cdots) \tag{1.26}$$

$$b_n = \frac{2}{T} \int_{-T/2}^{T/2} x(t) \sin n\omega_0 t \, dt \qquad (n=1,\ 2,\ \cdots) \tag{1.27}$$

式(1.25)は，$x(t)$ の**フーリエ級数展開**（Fourier series expansion）と呼ばれているものである。これを一般化したものが，信号のフーリエ解析であるが，これについては第 3 章で詳しく説明する。

なお，信号 $x(t)$ が偶関数のときは，式(1.25)は定数項と cos の項だけとなって

$$x(t) = \frac{a_0}{2} + \sum_{n=1}^{\infty} a_n \cos n\omega_0 t \tag{1.28}$$

となる。一方で $x(t)$ が奇関数のときは，式(1.25)は sin の項だけとなって

$$x(t) = \sum_{n=1}^{\infty} b_n \sin n\omega_0 t \tag{1.29}$$

となる。式(1.28)と式(1.29)はそれぞれ**フーリエ余弦級数**（Fourier cosine series），**フーリエ正弦級数**（Fourier sine series）と呼ばれている。

なお，信号 $x(t)$ が周期的でない場合は，フーリエ変換と呼ばれる手法が用いられる。これについては，第 3 章で扱うことにする。

理解度チェック

1.1 本章のまとめとして，次の問いに対してわかりやすく回答せよ。
 （1）信号解析の分野では，正弦波信号を基準信号とすることが多い。それはなぜか？
 （2）信号解析では，基準信号としてインパルス信号もよく使われる。インパルス信号とは何か？　またどうしてインパルス信号が使われるのか？
 （3）線形システムとは何か？　なぜ線形システムは数学的に扱いやすいのか？

1.2 本章の本文にある次の関係を自ら導いて本文の理解の手助けとせよ。
 （1）式(1.5)に式(1.6)の三角形の加法定理を適用することにより，式(1.7)を導け。
 （2）1.2 節の 3. 項の例 2～4 の微分，積分，加（減）算が，それぞれ線形性をみたすことを示せ。
 （3）インパルス信号の性質として，式(1.17)が成立することを示せ。

1.3 三角関数には $\omega_0 = 2\pi/T$ とおいて，次のような直交性がある。

$$\int_{-T/2}^{T/2} \sin n\omega_0 t \cdot \sin m\omega_0 t \, dt = \begin{cases} 0 & (n \neq m) \\ \dfrac{T}{2} & (n = m) \end{cases}$$

$$\int_{-T/2}^{T/2} \cos n\omega_0 t \cdot \cos m\omega_0 t \, dt = \begin{cases} 0 & (n \neq m) \\ \dfrac{T}{2} & (n = m) \end{cases}$$

$$\int_{-T/2}^{T/2} \cos n\omega_0 t \cdot \sin m\omega_0 t \, dt = 0 \quad (n, m によらず)$$

この関係を用いて，式(1.25)のフーリエ級数展開の係数が式(1.26)と式(1.27)で与えられることを示せ。

1.4 $t > 0$ で指数的に減少する**図 1.12** のようなインパルス応答 $h(t)$ をもつ線形システムを考える。このシステムに $h(t)$ と同じ形の信号 $x(t)$（つまり $x(t) = h(t)$）を入力したときの出力 $y(t)$ を求めよ。

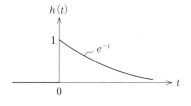

図 1.12

2

信号とシステムの複素領域での扱い

概　要

　信号解析は，信号とシステムを実数ではなくて複素数で表現すると，見違えるほどその扱いが容易になる。しかも見通しがよくなる。

　本章では，まずは複素数と複素平面についてその基礎的事項を簡単に説明する。これを用いて正弦波信号を複素領域に拡張して，複素正弦波信号を定義する。ついで，線形システムの特性が複素領域では伝達関数によって簡潔に表現できることを示す。

22   2. 信号とシステムの複素領域での扱い

2.1 複素数と複素平面

まずは，簡単に複素数について勉強しておこう。

1. 複素数の定義

二つの実数 x と y が与えられたとき，これに虚数単位 j をつけて

$$z = x + jy \qquad (j = \sqrt{-1}) \tag{2.1}$$

とおいたものを**複素数**（complex number）という。ここに x を複素数 z の**実部**（real part），y を**虚部**（imaginary part）といい，それぞれ

$$x = Re\, z$$
$$y = Im\, z$$

と記す。実部がなくて虚部だけの場合，その複素数は**純虚数**（purely imaginary number）と呼ばれる。

虚数単位の記号は数学では i であるが，電気工学あるいは信号処理の分野では（i は電流の記号としてすでに使っているので）慣例的に j を使うことが多い。ここでも j を使うこととする。

複素数 z において，その虚部の符号を変えたもの

$$z^* = x - jy \tag{2.2}$$

を z の**複素共役**（complex conjugate）あるいは**共役複素数**という。z と複素共役 z^* の和と積は，それぞれ実数となる。

$$和：z + z^* = 2x \qquad (差 \quad z - z^* = j2y \text{ は純虚数}) \tag{2.3}$$
$$積：zz^* = x^2 + y^2 \tag{2.4}$$

2. 複素数の演算

複素数の演算は，j を単なる記号とみなして，普通の実数のときと同じように行って，必要に応じて $j^2 = -1$ とおけばいい。例えば

$$(a + jb)(c + jd) = ac + j(bc + ad) + j^2 bd$$

となり，ここで $j^2 = -1$ を代入すれば

$$(a+jb)(c+jd) = (ac-bd) + j(bc+ad)$$

となる。

3. 複素平面

複素数は，x を横座標，y を縦座標とする二次元平面上の一つの点として表示することができる。これを**図 2.1** に示す。この平面は**複素平面**（complex plane）あるいは**ガウス平面**（Gaussian plane）と呼ばれる。

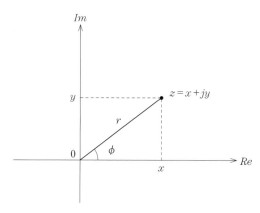

図 2.1 複素平面

複素平面における z の原点からの距離を r とすると，ピタゴラスの定理によって

$$r = \sqrt{x^2 + y^2} = \sqrt{zz^*} \tag{2.5}$$

となる。この r は，複素数 z の**絶対値**（absolute value）と呼ばれ，$|z|$ と記す。また，図のように z と原点を結ぶ直線が横軸との間でなす角度 ϕ は，z の**偏角**（argument）と呼ばれ，$\arg(z)$ と記す。

この r と ϕ を使うと，z の実部と虚部は，それぞれ三角比を用いて次のように表せる。

$$x = r \cos \phi$$
$$y = r \sin \phi$$

したがって，これを式(2.1)に代入すると

$$z = r \cos \phi + jr \sin \phi$$
$$= r(\cos \phi + j \sin \phi) \tag{2.6}$$

を得る。これは，複素数 z の絶対値 r と偏角 ϕ を用いた表現である。このような表現を**極形式**（polar form）という。

4. オイラーの公式

極形式は，オイラーの公式を使うともっと簡潔な表現となる。**オイラーの公式**（Euler's formula）は次式で与えられる。

$$e^{j\phi} = \cos\phi + j\sin\phi \tag{2.7}$$

この式は，公式というよりも，左辺の記号が右辺で定義されると解釈して差し支えない。ここで，左辺の記号が指数関数と同じ形をしていることに注目して欲しい。肩の変数が $j\phi$ という純虚数であるところが普通の（実数の）指数関数と違っている。

オイラーの公式の重要なところは，この $e^{j\phi}$ という記号を普通の指数関数とまったく同じように扱っていいことである。実際

$$微分：\frac{d}{d\phi}e^{ja\phi} = jae^{ja\phi} \tag{2.8}$$

$$分解：e^{j(\phi_1+\phi_2)} = e^{j\phi_1}e^{j\phi_2} \tag{2.9}$$

などは，指数関数と同じに扱える（これが成り立つことは理解度チェック 2.2（1）参照）。なお，複素関数論では，複素数 z を変数とした複素関数 e^z が定義される。これは z が実数のときは通常の指数関数となる。z が純虚数であるときは式(2.7)と一致する。

さて，このオイラーの公式を使うと，z の極形式は

$$z = r(\cos\phi + j\sin\phi) = re^{j\phi} \tag{2.10}$$

と簡潔に記すことができる。以下ではこの表記をしばしば使う。

2.2 複素正弦波信号

複素数の知識を用いて，正弦波信号を複素領域に拡張してみよう。

ここで，正弦波信号が，二次元平面上の点の円運動と密接に関係していたことを思い起こしていただきたい。この二次元平面として，前節で紹介した複素平面を考えたらどうなるであろうか。

1. 複素平面の円運動と正弦波信号

複素平面で，図 2.2 のように絶対値 A の点 P を考える。ここで，その偏角 ϕ を時間に比例して $\phi = \omega t$ で変化させてみよう。すると点 P は，半径 A の円周上を反時計回りに円運動する。このとき，この点 P の実部と虚部の時間変化は，式 (2.10) に $r = A$, $\phi = \omega t$ を代入して

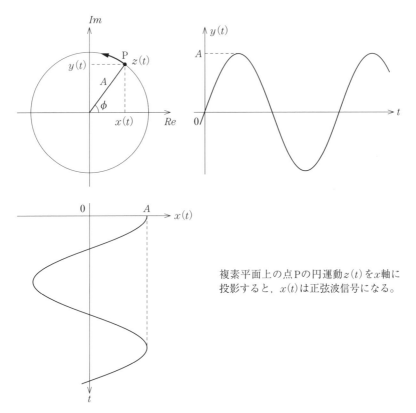

複素平面上の点 P の円運動 $z(t)$ を x 軸に投影すると，$x(t)$ は正弦波信号になる。

図 2.2 複素平面における円運動と正弦波信号（図 1.2 と似た図になっているが，図 1.2 の x-y 平面が複素平面になっている）

実部：$x(t) = A \cos \omega t$ (2.11)

虚部：$y(t) = A \sin \omega t$ (2.12)

となる。これらはそれぞれ正弦波信号となっている。

2. 複素正弦波信号の定義

ここで，点Ｐに対応する複素数 z そのものを，複素数値の信号として新たに定義しよう。これを $z(t)$ とすれば

$$z(t) = x(t) + jy(t)$$
$$= A(\cos \omega t + j \sin \omega t)$$ (2.13)

この右辺にオイラーの公式 (2.7) に $\phi = \omega t$ を代入した

$$e^{j\omega t} = \cos \omega t + j \sin \omega t$$ (2.14)

を適用して，次のように複素正弦波信号が定義される。

定義 2.1 （複素正弦波信号）

$$z(t) = Ae^{j\omega t}$$ (2.15)

を振幅 A，角周波数 ω の **複素正弦波信号** （complex sinusoidal signal） という。

この実態は，複素平面を反時計回りに円運動する信号である。ここで ω は正であるとしているが負も考えられる。もし ω が負の場合は，複素平面上を反対方向つまり時計回りに円運動する信号となる。この両者をともに考えれば，**複素正弦波信号の角周波数は，$-\infty <$ $\omega < \infty$，つまりすべての実数範囲で定義される**。負の角周波数という概念は直感的には理解しにくいが，複素正弦波信号では円運動の回転方向の違いで，それが定義されるのである。（**図 2.3** 参照）。

さて，この複素正弦波信号は，信号解析において極めて重要な役割を担っている。線形システムを扱うときに正弦波信号が適していることを先に述べたが，基本信号として複素正弦波信号を考えたほうが，はるかに便利なのである。実数の正弦波信号で表現したときにかなり複雑になる関係式も，はるかに簡潔に表現できるようになる。

複素正弦波信号は，それが複素信号であるから，実世界には存在しない想像上の信号である。しかし，まさに信号解析のために神様が用意してくれた信号，そう思いたくなるほど便利な信号なのである。

この複素正弦波信号について，もう少し説明を追加しておこう。

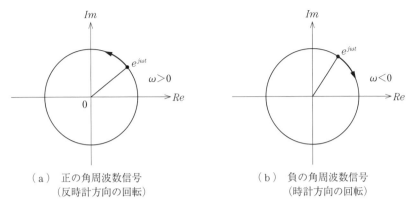

図 2.3 正と負の角周波数をもつ複素正弦波信号

3. 一般の複素正弦波信号

振幅 A，位相 θ をもつ一般の複素正弦波信号は

$$x(t) = Ae^{j(\omega t + \theta)} \tag{2.16}$$

で定義される。これは，指数関数の性質を使って

$$\begin{aligned} x(t) &= Ae^{j\theta}e^{j\omega t} \\ &= \dot{A}e^{j\omega t} \end{aligned} \tag{2.17}$$

とも表現できるから，係数 $Ae^{j\theta}$ と時間信号 $e^{j\omega t}$ の積になる。係数 $Ae^{j\theta}$ は，時間信号 $e^{j\omega t}$ の振幅のようにみなすことができ，これを**複素振幅**（complex amplitude）と呼ぶ。複素振幅は複素数の値をとり，その絶対値がもともとの信号の振幅 A，偏角が位相 θ である。複素振幅は，通常の振幅 A と区別するために，$\dot{A}$ という記号を使うこともある（本書では特に使わずに複素数で複素振幅を表示する）。

位相 θ は，実数の正弦波信号では関数のなかに複雑に含まれていたが，複素正弦波信号では時間信号 $e^{j\omega t}$ とは変数分離した形で複素振幅のなかに含まれている。これが複素正弦波信号の便利な点である。

4. 実数の正弦波信号の複素正弦波信号による合成

式 (2.14) において，ω を $-\omega$ とすると

$$e^{-j\omega t} = \cos \omega t - j \sin \omega t \tag{2.18}$$

したがって，式 (2.14) と式 (2.18) の和と差をとって，2 で割ることによって

$$\cos \omega t = \frac{1}{2}(e^{j\omega t} + e^{-j\omega t}) \tag{2.19}$$

$$\sin \omega t = \frac{1}{2j}(e^{j\omega t} - e^{-j\omega t}) \tag{2.20}$$

このように単一の正弦波信号は，角周波数が ω と $-\omega$ の二つの複素正弦波信号の合成で表現できる。より一般的には次式が成り立つ（理解度チェック 2.2（2））。

$$A\cos(\omega t + \theta) = \frac{A}{2}e^{j\theta}\cdot e^{j\omega t} + \frac{A}{2}e^{-j\theta}\cdot e^{-j\omega t} \tag{2.21}$$

このとき二つの係数 $(A/2)e^{j\theta}$ と $(A/2)e^{-j\theta}$ は，複素数として複素共役になっている（**図 2.4**）。

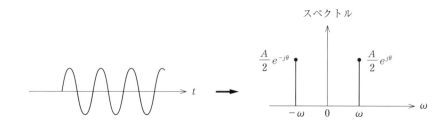

角周波数 ω の実正弦波は，ω と $-\omega$ の二つの複素正弦波のスペクトルをもつ（スペクトルは，絶対値のみを示している）。

図 2.4 正弦波信号のスペクトル

2.3 複素伝達関数

1. 伝達関数の定義

　線形システムに複素正弦波信号を入力したときの特性について考えよう。線形システムでは，出力は同じ角周波数で振幅と位相だけが異なった複素正弦波信号となる。このようにシステムの入力と出力が同じ形の信号となるとき，その信号はそのシステムの固有信号と呼ばれる。複素正弦波信号は線形システムの固有信号である。

　したがって

$$入力：x(t) = A_1 e^{j(\omega t + \theta_1)} = A_1 e^{j\theta_1} e^{j\omega t}$$

$$出力：y(t) = A_2 e^{j(\omega t + \theta_2)} = A_2 e^{j\theta_2} e^{j\omega t}$$

とおいて，両者の比をとると

$$\frac{出力}{入力} = \frac{y(t)}{x(t)} = \frac{A_2 e^{j\theta_2} e^{j\omega t}}{A_1 e^{j\theta_1} e^{j\omega t}} = \frac{A_2}{A_1} e^{j(\theta_2 - \theta_1)} \tag{2.22}$$

すなわち，時間 t を含む $e^{j\omega t}$ は分母と分子で相殺され，比は絶対値が A_2/A_1，偏角が $\theta_2 - \theta_1$ の複素数値となる。この値はどのような角周波数の複素正弦波信号を入力するかによって変化する。これを $j\omega$ の関数として

$$H(j\omega) = |H(j\omega)| e^{j\angle H(j\omega)} \tag{2.23}$$

と記し，線形システムの複素伝達関数あるいは単に**伝達関数**（transfer function）と呼ぶ。伝達関数は，式(2.22)よりわかるように，入力と出力のそれぞれの複素振幅の比である。

2. 振幅伝達特性と位相伝達特性

　伝達関数の絶対値と偏角は，それぞれ次のようになる。

$$|H(j\omega)| = \frac{A_2}{A_1} \tag{2.24}$$

$$\angle H(j\omega) = \theta_2 - \theta_1 \tag{2.25}$$

絶対値は，入力と出力の振幅の比であり，1.3 節で述べた振幅伝達特性にほかならない。偏角は，入力と出力の位相の差であり，1.3 節で述べた位相伝達特性にほかならない。このように，振幅伝達特性と位相伝達特性を一緒にして，きちんと表現したものが伝達関数である。

　このように複素正弦波信号を導入することにより，伝達関数が入出力の複素振幅の比とし

30 　2.　信号とシステムの複素領域での扱い

て定義できた。実数の正弦波信号ではこうはならない。複素正弦波信号がいかに便利なもの
であるかが，これによってもわかるであろう。

理解度チェック

2.1　本章のまとめとして，次の問いに対してわかりやすく回答せよ。

（1）　信号解析において実数の正弦波信号をそのまま扱うのではなく，これを複素数化し
た複素正弦波信号を扱うことが多い。それはなぜか？

（2）　複素正弦波信号は負の周波数をもつこともある。負の周波数とはどう解釈すればい
いのか？

（3）　線形システムの特性を，複素正弦波信号の入出力特性で表現するとその解析が容易
になる。それはなぜか？

2.2　本章の本文にある次の関係を自ら導いて本文の理解の手助けとせよ。

（1）　式(2.7)で $e^{j\phi}$ を定義すると，式(2.8)の微分と式(2.9)の分解が成り立つことを示せ。

（2）　式(2.21)（一般の正弦波信号の複素正弦波信号による合成）を導け。

2.3　次式の複素伝達関数 $H(j\omega)$ をもつ線形システムに，正弦波信号 $x(t) = \cos \omega_0 t$ を入力
したときの出力を求めよ。

$$H(j\omega) = \begin{cases} e^{-j\theta_0} & (\omega > 0) \\ e^{+j\theta_0} & (\omega < 0) \end{cases}$$

3

フーリエ級数展開と
フーリエ変換

概　要

　本章では，時間信号 $x(t)$ を複素正弦波の組合せで表現することを考える。まず扱うのは，周期 T をもつ信号 $x(t)$ のフーリエ級数展開である。これはすでに第1章において実数の範囲で説明したものであるが，これを複素領域に拡張すると，より簡潔な表現になることを学ぶ。ついで，周期をもたない信号 $x(t)$ を対象としたフーリエ変換，フーリエ逆変換を複素領域で定義する。これらは信号解析を数学的に扱うときの基本概念であるので，しっかりと学んでほしい。

3.1 フーリエ級数展開

まず周期信号 $x(t)$（周期 T）を複素正弦波信号で表現することを考える。

1. フーリエ級数展開の定義

第 1 章において，周期信号 $x(t)$ が次のように正弦波信号に展開されることを示した。

$$x(t) = \frac{a_0}{2} + \sum_{n=1}^{\infty} (a_n \cos n\omega_0 t + b_n \sin n\omega_0 t) \tag{1.25}'$$

ただし，$\omega_0 = \dfrac{2\pi}{T}$

この式で，$\sin$ と $\cos$ はいずれも式(2.19)と式(2.20)に示したように複素正弦波信号の合成で表現できるから，これを代入すると，複素正弦波信号を用いた表現

$$x(t) = \sum_{n=-\infty}^{\infty} \alpha_n e^{jn\omega_0 t} \tag{3.1}$$

ただし，$\omega_0 = \dfrac{2\pi}{T}$

が得られる（式(1.26)，式(1.27)の a_n，b_n と式(3.1)の α_n の関係は，理解度チェック 3.2（1）参照）。

式(3.1)を，周期 T をもつ信号 $x(t)$ の**複素フーリエ級数展開**（complex Fourier series expansion）という。この級数が収束するためにはある条件が必要である。これは 3.3 節で述べるが，実際にはほとんどの信号が収束するから，実用上はあまり気にする必要はない。

この複素フーリエ級数展開は，周期信号がとびとびの角周波数 $n\omega_0$ をもつ複素正弦波信号で表現できることを示している。

2. 直交関数展開

フーリエ級数展開における展開係数 α_n は，どのようにして求められるのであろうか。

これを探るために，少しフーリエ級数展開を一般化して考えてみよう。

一般に，周期 T の関数 $x(t)$ が，関数の集まり $\phi_n(t)$（$n = 1, 2, \cdots$）で展開できたとして，これを

$$x(t) = \sum_n a_n \phi_n(t) \tag{3.2}$$

と表現してみよう。このとき $\phi_n(t)$ は次の関係をみたすとき（正規）**直交関数系**（orthogonal system of function）と呼ばれる。

$$\frac{1}{T}\int_{-T/2}^{T/2}\phi_m(t)\phi_n{}^*(t)\,dt = \begin{cases} 1 & (m=n) \\ 0 & (m \neq n) \end{cases} \tag{3.3}$$

ここに $\phi_n{}^*(t)$ は $\phi_n(t)$ の複素共役である。

このとき，式(3.2)の係数 α_n は次のようにして求められる。

$$\alpha_n = \frac{1}{T}\int_{-T/2}^{T/2} x(t)\phi_n{}^*(t)\,dt \tag{3.4}$$

証明 式(3.4)の右辺は，式(3.2)を代入すると

$$\frac{1}{T}\int_{-T/2}^{T/2}\sum_m a_m\phi_m(t)\phi_n{}^*(t)\,dt = \sum_m a_m\left[\frac{1}{T}\int_{-T/2}^{T/2}\phi_m(t)\phi_n{}^*(t)\,dt\right]$$

ここで式(3.3)が成り立つとすると，m に関する総和は $m=n$ のときのみ値をもって，$m \neq n$ のときは 0 となるから，総和のうち a_n だけが残る。すなわち，式(3.4)が成り立つ。 （証明終わり）

3. フーリエ係数

フーリエ級数展開は，式(3.2)において $\phi_n(t) = e^{jn\omega_0 t}$ とおいたものに相当している。この関数系は式(3.3)をみたすから直交関数系である。したがって係数は，式(3.4)より

$$\alpha_n = \frac{1}{T}\int_{-T/2}^{T/2} x(t)e^{-jn\omega_0 t}\,dt \tag{3.5}$$

で与えられる。

まとめると周期信号の複素フーリエ級数展開は，次のように定義される。

定義 3.1（複素フーリエ級数展開）

$$x(t) = \sum_{n=-\infty}^{\infty}\alpha_n e^{jn\omega_0 t} \qquad \left(\omega_0 = \frac{2\pi}{T}\right) \tag{3.1}'$$

$$\text{ここに，}\ \alpha_n = \frac{1}{T}\int_{-T/2}^{T/2} x(t)e^{-jn\omega_0 t}\,dt \tag{3.5}'$$

これは，実数の範囲では，1.5 節の式(1.25)，式(1.26)，式(1.27)に相当するものであるが，複素数に拡張することによって，より簡潔な表現になっていることに注意されたい。

34 　3. フーリエ級数展開とフーリエ変換

3.2 フーリエ変換

　フーリエ級数展開は，周期信号の展開であった。これを非周期信号に拡張すると**フーリエ変換**（Fourier transform）になる。フーリエ級数展開とフーリエ変換の数学的構造は少し異なっているが，直感的には，周期信号の周期 T を ∞（無限大）にすることにより，フーリエ変換が導かれる。

1. フーリエ変換の導出
　フーリエ級数展開の式(3.5)において，周期 $T \to \infty$ としてみる。このとき係数 α_n の T 倍を記号的に

$$\alpha_n T = X(jn\omega_0) = X(j\omega)|_{\omega = n\omega_0} \tag{3.6}$$

とおいて，$T \to \infty$ とすると

$$X(j\omega) = \lim_{T \to \infty} \alpha_n T = \int_{-\infty}^{\infty} x(t) e^{-j\omega t} \, dt \tag{3.7}$$

一方，フーリエ級数展開の式そのものは

$$x(t) = \sum_{n=-\infty}^{\infty} \alpha_n e^{jn\omega_0 t} = \sum_{n=-\infty}^{\infty} \frac{X(jn\omega_0)}{T} e^{jn\omega_0 t} \tag{3.8}$$

となるから，$\Delta\omega = \omega_0 = 2\pi/T$ とおくと $1/T = \Delta\omega/2\pi$ より

$$x(t) = \frac{1}{2\pi} \sum_{n=-\infty}^{\infty} X(jn\omega_0) e^{jn\omega_0 t} \Delta\omega \tag{3.9}$$

これは $T \to \infty$ のとき，総和は積分となって

$$x(t) = \frac{1}{2\pi} \int_{-\infty}^{\infty} X(j\omega) e^{j\omega t} \, d\omega \tag{3.10}$$

となる。

2. フーリエ変換の定義
　式(3.10)と式(3.7)より，次の二つの関係が導かれる。

$$x(t) = \frac{1}{2\pi} \int_{-\infty}^{\infty} X(j\omega) e^{j\omega t} \, d\omega \tag{3.11}$$

$$ここに，X(j\omega) = \int_{-\infty}^{\infty} x(t) e^{-j\omega t} \, dt \tag{3.12}$$

式(3.11)は，非周期信号 $x(t)$ が複素正弦波信号 $e^{j\omega t}$ に分解できて，その線形合成で表現できることを意味している。周期信号の場合は $\omega = n\omega_0$ ごとのとびとびの角周波数の複素正弦波信号の組合せであったが，非周期信号の場合は周期 $T \to \infty$ であるから，$\omega_0 = 2\pi/T \to 0$ すなわちとびとびの角周波数間隔は限りなくゼロとなり，結果として角周波数が連続した複素正弦波信号の合成になっている。

式(3.12)はこのように複素正弦波信号で信号を展開したときの係数 $X(j\omega)$ が，$x(t)$ と $e^{-j\omega t}$ の積の積分（内積と呼ばれることもある）で求められることを意味している。いわば，フーリエ級数展開における式(3.5)の α_n に対応する表現である。

式(3.11)は**フーリエ逆変換**，式(3.12)は**フーリエ変換**と呼ばれる。ここでは $x(t)$ の複素正弦波信号による合成という物理的な意味をもたせて，またフーリエ級数展開の対応がつきやすいように，フーリエ逆変換を先に記している。しかし，変換，逆変換という名称が示唆しているように，通常はフーリエ変換を先にして，次のように記すことが多い。

定義 3.2（フーリエ変換と逆変換（角周波数表示））

$$\text{フーリエ変換}: X(j\omega) = \int_{-\infty}^{\infty} x(t) e^{-j\omega t}\, dt \tag{3.13}$$

$$\text{フーリエ逆変換}: x(t) = \frac{1}{2\pi} \int_{-\infty}^{\infty} X(j\omega) e^{j\omega t}\, d\omega \tag{3.14}$$

※注意　数学の分野でのフーリエ変換の定義は，異なる係数がついていることがあるので注意する必要がある（付録 A.1 参照）

3. フーリエ変換の周波数表示

このフーリエ変換と逆変換の定義は，角周波数を用いて表現されているが，$\omega = 2\pi f$ を代入して，$X(j\omega)$ を新たに $X(f)$ と記すと，周波数 f を用いた表現

定義 3.3（フーリエ変換と逆変換（周波数表示））

$$\text{フーリエ変換}: X(f) = \int_{-\infty}^{\infty} x(t) e^{-j2\pi ft}\, dt \tag{3.15}$$

$$\text{フーリエ逆変換}: x(t) = \int_{-\infty}^{\infty} X(f) e^{j2\pi ft}\, df \tag{3.16}$$

となる。これは ω で表現した場合よりも変換と逆変換の対称性がいい。また，ω よりも周

波数 f のほうが（1秒当りの振動数という意味で）直感的に理解しやすいという特徴がある。以下では，角周波数ではなく原則としてこの周波数表示を採用することとする。

4. 双対性

式(3.15)と式(3.16)で表現されたフーリエ変換とフーリエ逆変換は，基本的に同じ形をしている。違いは虚数単位 j についている符号だけである。このことに注意をすれば

> フーリエ変換で成り立つ性質は，フーリエ逆変換でも成り立つ。

これをフーリエ変換と逆変換における**双対性**（duality）という。

3.3 フーリエ級数展開とフーリエ変換の収束

フーリエ級数展開は一般的には無限級数，フーリエ変換は積分範囲が ∞ の無限積分である。このように無限を扱うときは，その収束性が問題となる。もちろん収束する信号と収束しない信号がある。数学的にこれを扱うときは，どのような場合に収束しないかが課題となる。

結論をいうと，実用上はあまり収束性を気にする必要はない。信号解析の現場で扱う実世界に存在する信号は，ほとんどすべてが収束するからである。しかし，まったく無視するのも気持ちが悪いので，収束するための条件だけを証明なしに説明しておこう。

1. フーリエ級数展開が収束するための条件

式(3.1)のフーリエ級数展開は無限級数で定義されている。その無限級数が収束するための条件は，「区間 $[-T/2,\ T/2]$ で，$x(t)$ が区分的連続かつ両側微分可能」であることである。

ここに，**区分的連続**（piecewise continuous）とは，$x(t)$ が次の条件をみたすことである。

① $x(t)$ が区間 $[-T/2,\ T/2]$ で，有限個の点 t_k $(k=1,\ \cdots,\ r)$ を除いて連続

② 不連続点 t_k $(k=1,\ \cdots,\ r)$ で，$x(t_k-0)$ と $x(t_k+0)$ がともに有限確定

③ 不連続点 t_k $(k=1,\ \cdots,\ r)$ で，$|x(t_k)|<\infty$

例えば，**図 3.1** (a)，(b)，(c) は区分的連続であるが，図 (d)，(e)，(f) は区分的連続ではない。

一方の，**両側微分可能**（two-sided differentiability）とは，次に定義する左側微分可能と右側微分可能がともにみたされることである。

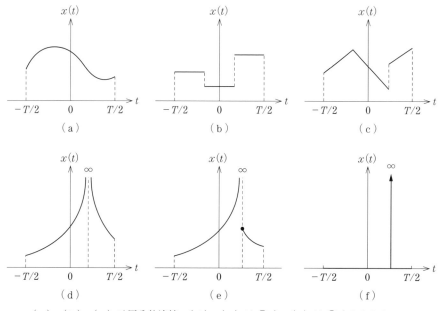

(a), (b), (c) は区分的連続, (d), (e) は②を, (f) は①をみたさない.

図 3.1 区分的連続な関数とそうでない関数

$$\text{左側微分可能}: x'(t-0) = \lim_{\Delta t \to 0} \frac{x(t) - x(t - \Delta t)}{\Delta t} < \infty \quad \text{有限}$$

$$\text{右側微分可能}: x'(t+0) = \lim_{\Delta t \to 0} \frac{x(t + \Delta t) - x(t)}{\Delta t} < \infty \quad \text{有限}$$

例えば, **図 3.2**(a)は両側微分可能であるが, 図(b)は両側微分可能ではない. なお, 左側微分と右側微分のそれぞれの値は, それぞれ有限であれば必ずしも等しくなくていい. 等しい場合は単に微分可能と呼ばれる.

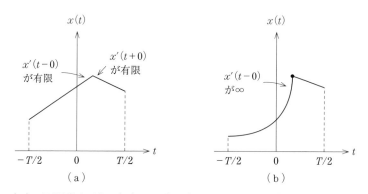

(a) は両側微分可能, (b) は $x'(t-0)$ が ∞ なので両側微分可能ではない.

図 3.2 両側微分可能な信号と両側微分可能ではない関数

38　3.　フーリエ級数展開とフーリエ変換

　なお，フーリエ級数展開の収束には，厳密にいうと一様収束と平均収束があり，不連続点近辺で収束するときに振動すること（ギブスの現象）があるが，詳細はフーリエ解析の数学的な専門書を参照されたい。

2.　フーリエ変換が収束するための条件

　フーリエ変換の定義式(3.15)は無限積分である。この無限積分が収束して有限の値をもつための条件は，「信号 $x(t)$ が**絶対可積分**（absolutely integrable），すなわち

$$\int_{-\infty}^{\infty} |x(t)| dt < \infty \tag{3.17}$$

が成り立つこと」である。

　少なくとも，絶対可積分であればフーリエ変換の定義式が収束する（有限の値になる）ことは，$|e^{-j2\pi ft}| = 1$ を用いて次のようにして示される。

$$|X(f)| = \left| \int_{-\infty}^{\infty} x(t) e^{-j2\pi ft} dt \right| \le \int_{-\infty}^{\infty} |x(t)| \, |e^{-j2\pi ft}| dt = \int_{-\infty}^{\infty} |x(t)| dt < \infty$$

3.4　フーリエ変換の例

　以下では，いくつかの代表的な信号について，そのフーリエ変換の例を示す。

例1（単一方形波信号のフーリエ変換）

　図 3.3（a）のように，$-\tau/2$ から $\tau/2$ までの時間幅 τ の間だけ値 E をとる単一方形波を考える。このように孤立している波形は非周期信号であるから，次のようにフーリエ変換を適用できる。すなわち

$$X(f) = \int_{-\infty}^{\infty} x(t) e^{-j2\pi ft} dt = E \int_{-\tau/2}^{\tau/2} e^{-j2\pi ft} dt = \frac{E}{-j2\pi f} \left[e^{-j2\pi ft} \right]_{-\tau/2}^{\tau/2}$$

$$= E \frac{\sin 2\pi f \dfrac{\tau}{2}}{\pi f} = E\tau \frac{\sin \pi f\tau}{\pi f\tau} \tag{3.18}$$

この右辺は，図（b）のような周波数 f の関数となる。これが単一方形波のフーリエ変換である。

　この図（b）は，一般に $\sin(x)/x$ で与えられる関数形であり，標本化関数と呼ばれてい

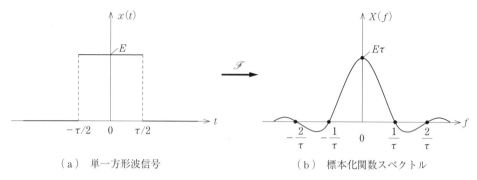

（a）単一方形波信号　　　　　　（b）標本化関数スペクトル

図3.3 単一方形波信号のフーリエ変換

る（なぜ標本化関数と呼ぶかについては，第5章で説明する）。

例2（標本化関数信号のフーリエ変換）

逆に，時間信号 $x(t)$ が，**図3.4**（a）のように標本化関数の形をしている場合を考えよう。これは，実はフーリエ変換の式を適用しなくても，例1の結果を知っていれば直感的にどのようなフーリエ変換になるか想像がつく。すなわち3.2節の4.項で述べたように，双対性によりフーリエ変換で成り立つ性質は逆変換でも成り立つからである。この考え方を適用すると，フーリエ変換は図（b）のような方形の関数になり，その逆変換が標本化関数の形をした時間信号となる。

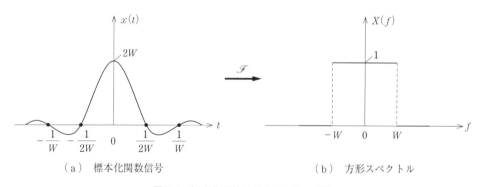

（a）標本化関数信号　　　　　　（b）方形スペクトル

図3.4 標本化関数信号のフーリエ変換

実際，図（b）のような $-W$ から W の周波数の範囲だけ値1をもつ $X(f)$ をフーリエ逆変換してみると，式(3.18)と同様にして

$$x(t) = \int_{-W}^{W} e^{j2\pi ft}\,dt = \frac{\sin 2\pi Wt}{\pi t}$$

$$= 2W \cdot \frac{\sin 2\pi Wt}{2\pi Wt} \tag{3.19}$$

が得られる。

このように，ある信号に対してフーリエ変換が求められると，その時間と周波数を入れ替えた変換も自動的に求められる。これは変換における双対性のありがたさである。

例3（インパルス信号のフーリエ変換）

次に，インパルス信号 $\delta(t)$ のフーリエ変換を求める。インパルス信号は，1.4 節の 1. 項で説明したように面積 1 をもつ方形波信号の時間幅 $\tau \to 0$ にしたものであるから，例 1 において，$E\tau = 1$ とおいて $\tau \to 0$ の極限をとると

$$E\tau \frac{\sin \pi f \tau}{\pi f \tau} \to 1 \tag{3.20}$$

すなわち，すべての周波数において値が 1 の**図 3.5** のようなフーリエ変換となる。

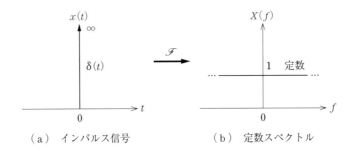

（a）インパルス信号　　　（b）定数スペクトル

図 3.5　インパルス信号のフーリエ変換

例4（直流信号のフーリエ変換）

例 3 に双対性を適用すると，**図 3.6** の関係も導かれる。すなわち，値が一定である直流信号のフーリエ変換は，周波数 0（すなわち直流）だけにインパルス状に値をもつ形になる。

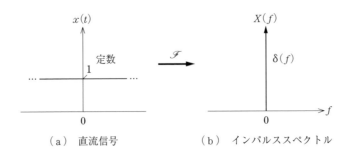

（a）直流信号　　　（b）インパルススペクトル

図 3.6　直流信号のフーリエ変換

ここで，読者は奇異に思われたかもしれない。例 4 で対象とした直流信号は，フーリエ変換の収束条件である絶対可積分ではない。したがって，形式的にフーリエ変換しても収束せず，$X(f)$ の値は（$f=0$ において）無限大になる。それは実際の関数ではなく，極限として定義された δ 関数になっている。逆にいえば，δ 関数を用いれば，フーリエ変換を（その収束性を気にすることなく）広い範囲の信号に対して形式的に適用することが可能になる。

なお，時間信号とそのフーリエ変換は，一般には関数の形が異なるが，変換しても関数の形が同じになる信号がある。それは次のガウス波形信号である。

例 5（ガウス波形信号のフーリエ変換）

統計学における正規分布と同じ関数形の信号をガウス波形信号といい，次式で定義される。

$$x(t) = \frac{1}{\sqrt{2\pi\sigma^2}} e^{-t^2/(2\sigma^2)} \tag{3.21}$$

この波形を**図 3.7** に示す。この時間信号をフーリエ変換すると（導出はやや複雑であるので結果だけを示す）

$$X(f) = e^{-\frac{(2\pi\sigma)^2}{2}f^2} \tag{3.22}$$

となり，関数形は周波数 f に関して正規分布と同じ形（ガウス形スペクトル）になる。

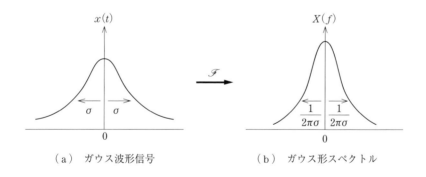

（a） ガウス波形信号　　　　　（b） ガウス形スペクトル

図 3.7 ガウス波形信号のフーリエ変換

このほかにも，さまざまな時間信号に対してフーリエ変換が求められる。**表 3.1** はそれを示したものである。

3. フーリエ級数展開とフーリエ変換

表 3.1 代表的な信号波形のフーリエ変換

信号	時間波形 $x(t)$	周波数スペクトル $X(f)$
方形波形	$$x(t) = \begin{cases} 1 & (|t| < \tau_0) \\ 0 & (|t| > \tau_0) \end{cases}$$	$$X_0(f) = 2\tau_0 \frac{\sin(2\pi f \tau_0)}{2\pi f \tau_0}$$
二乗余弦波形	$$x(t) = \begin{cases} \dfrac{1}{2} + \dfrac{1}{2}\cos\left(\dfrac{\pi t}{\tau_0}\right) & (|t| < \tau_0) \\ 0 & (|t| > \tau_0) \end{cases}$$	$$X(f) = \frac{1}{2}X_0(f) + \frac{1}{4}X_0\left(f + \frac{1}{2\tau_0}\right) + \frac{1}{4}X_0\left(f - \frac{1}{2\tau_0}\right)$$ （$X_0(f)$ は方形波形のスペクトル）
三角波形	$$x(t) = \begin{cases} 1 - \dfrac{|t|}{\tau_0} & (|t| < \tau_0) \\ 0 & (|t| > \tau_0) \end{cases}$$	$$X(f) = \tau_0 \left(\frac{\sin \pi f \tau_0}{\pi f \tau_0}\right)^2$$
両側指数波形	$$x(t) = \exp(-\alpha|t|)$$	$$X(f) = \frac{2\alpha}{\alpha^2 + (2\pi f)^2}$$
ガウス波形	$$x(t) = \frac{1}{\sqrt{2\pi\sigma^2}}\exp\left(-\frac{t^2}{2\sigma^2}\right)$$	$$X(f) = \exp\left\{-\frac{(2\pi\sigma)^2}{2}f^2\right\}$$

3.5 フーリエ級数展開の例

次に周期信号のフーリエ級数展開の係数（フーリエ係数）α_n を求めてみよう。

1. フーリエ係数とフーリエ変換の関係

フーリエ係数 α_n は，信号が与えられたときに式(3.5)を適用すれば計算できるが，実はフーリエ変換の知識を用いると，もっとエレガントに求められる。

例えば，**図 3.8**（a）のような周期信号 $x(t)$ を考えよう。ここで，この1周期分だけが孤立した信号 $\tilde{x}(t)$ を定義する。これを図（b）に示す。周期信号 $x(t)$ は $\tilde{x}(t)$ を周期的に繰り返したものとなる。

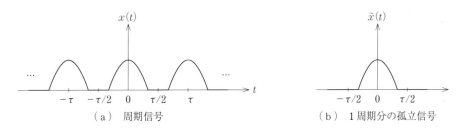

（a）周期信号　　　　　（b）1周期分の孤立信号

図 3.8 周期信号 $x(t)$ から1周期分の孤立信号 $\tilde{x}(t)$ をとりだす

さて，周期波形 $x(t)$ をフーリエ級数展開したときの係数は

$$\alpha_n = \frac{1}{T}\int_{-T/2}^{T/2} x(t) e^{-j2\pi n f_0 t}\, dt \tag{3.5}'$$

ただし，$f_0 = \dfrac{1}{T}$

で与えられる。この右辺は1周期分しか考えていないから，$x(t)$ は $\tilde{x}(t)$ で置きかえてよく，しかも $\tilde{x}(t)$ は孤立波形であるから，積分範囲を ∞ にしても値は変わらない。すなわち

$$\alpha_n = \frac{1}{T}\int_{-\infty}^{\infty} \tilde{x}(t) e^{-j2\pi n f_0 t}\, dt$$

右辺の積分は，$\tilde{x}(t)$ のフーリエ変換において，$f = n f_0$ を代入したものにほかならない。したがって，孤立波形 $\tilde{x}(t)$ のフーリエ変換を $\tilde{X}(f)$ とおけば

$$\alpha_n = \frac{1}{T}\tilde{X}(f)|_{f=nf_0} \tag{3.23}$$

ただし，$f_0 = \dfrac{1}{T}$

となる．すなわち，フーリエ係数 α_n は，$x(t)$ の 1 周期分の波形 $\tilde{x}(t)$ のフーリエ変換 $\tilde{X}(f)$ を $1/T$ 倍したものを包絡線としてもつ値として，周波数軸上で配置される．この様子を図 3.9 に示す．

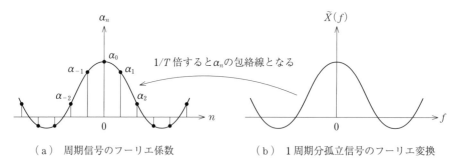

（a）周期信号のフーリエ係数　　　　　（b）1 周期分孤立信号のフーリエ変換

図 3.9　周期信号のフーリエ係数と 1 周期分孤立信号のフーリエ変換

2. フーリエ級数展開の例

例を示すことによって，具体的に説明しよう．

例 1（方形波列のフーリエ係数）

図 3.10（a）に示す方形波列において，1 周期分の波形は，3.4 節の例 1 であげた方形波と同じであるから，そのフーリエ係数 α_n は，図（b）のように周波数軸上に配置される．

ここで，τ を固定して，周期 T だけを大きくすると，α_n は図（b）のように密に配置されるようになり，$T \to \infty$ では，その包絡線に一致する．すなわち，1 周期分の波形のフーリエ変換（の $1/T$ 倍）となる．

例 2（インパルス列のフーリエ係数）

一方，周期 T を固定して，$E\tau = 1$ として 1 周期分の孤立方形波の時間幅 τ を小さくすると，そのフーリエ係数は図 3.10（c）のように配置される．$\tau \to 0$ とすると，この包絡はなめらかになり，次第に定数になる．このとき時間信号はインパルス列となり，このインパルス列のフーリエ係数 α_n は，すべての成分が同じ値の定数（$1/T$）となる．

この例 2 から次のような関係式が導ける．インパルス列を数式表現すると

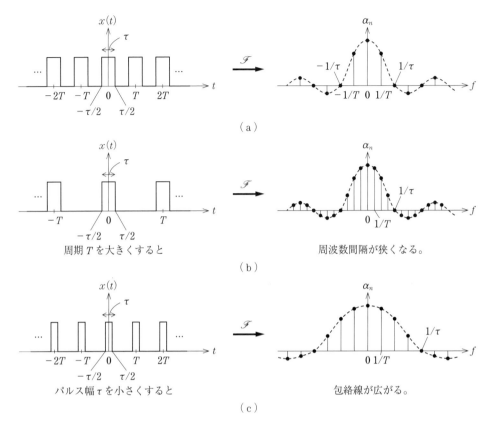

図 3.10 方形波列のフーリエ係数とその変形

$$x(t) = \sum_{n=-\infty}^{\infty} \delta(t-nT) \tag{3.24}$$

と書ける。一方で，インパルス列 $x(t)$ のフーリエ級数展開は，$\alpha_n = 1/T$ を代入して

$$x(t) = \sum_{n=-\infty}^{\infty} \alpha_n e^{j2\pi n f_0 t} = \frac{1}{T} \sum_{n=-\infty}^{\infty} e^{j2\pi n f_0 t} \tag{3.25}$$

したがって，次の等式が成り立つ。これは**ポアソンの和公式**（Poisson summation formula）と呼ばれている。

$$\sum_{n=-\infty}^{\infty} \delta(t-nT) = \frac{1}{T} \sum_{n=-\infty}^{\infty} e^{j2\pi n f_0 t} \qquad \left(f_0 = \frac{1}{T}\right) \tag{3.26}$$

理解度チェック

3.1 本章のまとめとして，次の問いに対してわかりやすく回答せよ．
(1) 実数の正弦波信号で表されたフーリエ級数展開と複素正弦波信号で表されたフーリエ級数展開を比較して，後者が簡潔な表現になっているのはどのような理由であるかを考察せよ．
(2) フーリエ級数展開とフーリエ変換の式を比較して，それぞれの式がどのような対応関係になっているか説明せよ．

3.2 本章の本文にある次の関係を自ら導いて本文の理解の手助けとせよ．
実数の正弦波信号を用いたフーリエ級数展開の係数 a_n, b_n と，複素正弦波信号を用いたフーリエ級数展開の係数 α_n（式(3.5)）の関係を導け．

3.3 図3.11に示す二乗余弦波形
$$x(t) = \begin{cases} \cos^2(\pi t/2\tau_0) & (|t|<\tau_0) \\ 0 & (|t|>\tau_0) \end{cases}$$
のフーリエ変換を求めよ．

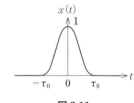

図 3.11

3.4 図3.12に示す両側指数波形
$$x(t) = e^{-\alpha|t|} \quad (\alpha>0)$$
のフーリエ変換を求めよ．

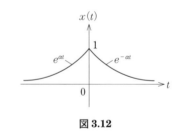

図 3.12

3.5 図3.13（1），（2）の波形 $x(t)$ のフーリエ変換 $X(f)$ を求めよ．

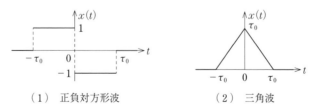

（1） 正負対方形波　　　（2） 三角波

図 3.13

4

周波数スペクトルと
線形システム

概 要

　本章では，周波数スペクトルという観点から，
フーリエ変換で成り立つさまざまな性質について
説明する。まずはインパルス関数（δ関数）を用
いることにより，周期波形のフーリエ級数展開と
非周期波形のフーリエ変換が統一的に扱えること
を示す。ついで，実数値をとる信号のスペクトル
を始めとして，パーセバルの等式など周波数スペ
クトル（フーリエ変換）のさまざまな性質につい
て述べる。そして，フーリエ変換で成り立つたた
みこみ定理が，周波数軸上の伝達関数とともに，
線形システムの入出力特性を解析するときの有力
な武器となることを学ぶ。

4.1 連続スペクトルと離散スペクトル

フーリエ変換とフーリエ級数展開は，いずれも信号波形を複素正弦波の線形合成で表現したときに，それぞれの複素正弦波成分が周波数の関数としてどのような分布で含まれているかを示したものである。**図 4.1** はその様子を示している。このように成分の分布を周波数の関数として示したものを**周波数スペクトル**（frequency spectrum）と呼ぶ。

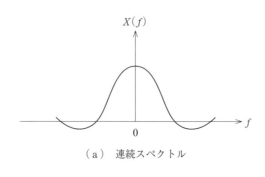

（a）連続スペクトル

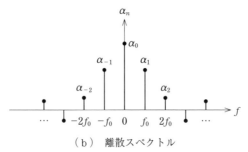

（b）離散スペクトル

図 4.1　周波数スペクトル

フーリエ変換は非周期信号に対して適用され，その周波数スペクトルは周波数 f に関して連続的に分布している。すなわち**連続スペクトル**（continuous spectrum）である。これに対してフーリエ級数展開は周期信号に対して適用され，とびとびの周波数 nf_0 の複素正弦波だけが含まれている。フーリエ係数 α_n はその大きさを示す量である。これは**離散スペクトル**（discrete spectrum）と呼ばれる（離散スペクトルは**線スペクトル**（line spectrum）と呼ばれることもある）。

この両者は数学的には別の構造をしているが，形式的にフーリエ変換に統一して扱えないだろうか。それには，第 3 章でもたびたび登場したインパルス関数が重要な役割を果たす。

まずは，その復習から始めよう。

（1） インパルス関数のフーリエ変換

インパルス関数（δ 関数）のフーリエ変換は，3.4 節の例 3 で示したように定数 1 である。すなわち

$$\delta(t) \rightarrow 1 \tag{4.1}$$

また，インパルス関数の時間をずらした信号 $\delta(t-\tau)$ のフーリエ変換は

$$\delta(t-\tau) \rightarrow e^{-j2\pi f\tau} \tag{4.2}$$

となる（理解度チェック 4.2（1）参照）。

（2） 定数ならびに複素正弦波信号のフーリエ変換

前記の関係にフーリエ変換と逆変換の双対性を適用すると，定数 1 のフーリエ変換が周波数を変数とするインパルス関数（δ 関数）となる。すなわち

$$1 \rightarrow \delta(f) \tag{4.3}$$

これは定数が周波数軸上で直流のみであることを意味する。また，式(4.2)に対応して

$$e^{j2\pi f_0 t} \rightarrow \delta(f-f_0) \tag{4.4}$$

すなわち，周波数 f_0 の複素正弦波信号のフーリエ変換が，周波数軸上で $f=f_0$ におかれたインパルス関数である。

（3） 実数の正弦波信号のフーリエ変換

実数の正弦波信号はどうなるであろうか。これは

$$\cos(2\pi f_0 t) = \frac{1}{2}(e^{j2\pi f_0 t} + e^{-j2\pi f_0 t})$$

であるから，右辺の二つの複素正弦波信号をフーリエ変換すると，結果として

$$\cos(2\pi f_0 t) \rightarrow \frac{1}{2}\delta(f-f_0) + \frac{1}{2}\delta(f+f_0) \tag{4.5}$$

すなわち，単一の周波数 f_0 をもつ実数の正弦波信号は，周波数軸上で $\pm f_0$ に位置している二つのインパルス成分をもつ。

（4） 周期信号のフーリエ変換

周期信号はフーリエ級数展開

$$x(t) = \sum_{n=-\infty}^{\infty} \alpha_n e^{j2\pi nf_0 t}$$

によってとびとびの周波数 nf_0 の複素正弦波信号に分解される。したがって，それぞれをフーリエ変換すると，全体では

$$X(f) = \sum_{n=-\infty}^{\infty} \alpha_n \delta(f - nf_0) \tag{4.6}$$

このように，周期信号を形式的にフーリエ変換すると，そのスペクトルはそれぞれの成分がインパルス関数で表現された離散スペクトルになる。

（5） 複合信号のフーリエ変換

こうしてフーリエ変換で周期信号のスペクトルも表現できることが示された。信号に非周期波形成分 $x_1(t)$ と周期波形成分 $x_2(t)$ がいずれも含まれている場合は，これを二つに分けてそれぞれをフーリエ変換すると

$$X(f) = X_1(f) + \sum_n \alpha_n \delta(f - nf_0) \tag{4.7}$$

となり，**図 4.2** のように連続スペクトルと離散スペクトルが混在したスペクトルとなる。

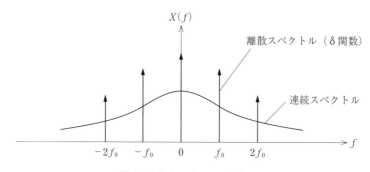

図 4.2 複合信号のスペクトル

4.2 実数値をとる信号のスペクトル

フーリエ級数展開とフーリエ変換は，もともとの信号が複素数値をとってもそのまま適用できる。一方で，信号が実数値のみをとるときは，そのスペクトルには特別の性質がある。

結論から先に述べると

> 時間信号 $x(t)$ が実数の信号であるとき，そのスペクトルは周波数軸上の正と負の同じ周波数において複素共役となる。

すなわち，実数値をとる実周期信号のフーリエ級数展開のフーリエ係数において

$$\alpha_{-n} = \alpha_n{}^* \tag{4.8}$$

また，実数値をとる実非周期信号のフーリエ変換において

$$X(-f) = X^*(f) \tag{4.9}$$

が成り立つ。ここに $*$ は複素共役を意味する。このように実数値をとる信号に対しては，正の周波数のスペクトルと負の周波数のスペクトルは独立ではなく，一方が決まれば他方はその複素共役として自動的に決まる（この証明は理解度チェック 4.2（2）参照）。

さらに特別な場合は，次のような性質がある。

（1） 実数で偶関数である信号のフーリエ変換

この場合は，フーリエ変換も実数でかつ偶関数になる。3.4 節で示した例 1〜5 はいずれもこの場合であった。それゆえフーリエ変換も実の偶関数となり，実数値をとるから通常のグラフで表示できた（一般には複素数値をとるから，グラフ表示は簡単ではない）。

（2） 実数で奇関数である信号のフーリエ変換

この場合のフーリエ変換は，純虚数の値をとり奇関数となる。

一般の実数値をとる信号は，偶関数と奇関数に分解できる。これをフーリエ変換すると，偶関数の部分はスペクトルの実部となり偶関数となる。一方，奇関数の部分はスペクトルの虚部となり奇関数となる。それゆえ全体としては複素共役なフーリエ変換となるのである。

4.3 周波数スペクトルの性質

フーリエ変換には次のような性質がある（証明は理解度チェック4.2（3）参照）。

（1） 線形性

フーリエ変換は線形性が成り立つ。すなわち，$x_1(t) \to X_1(f)$，$x_2(t) \to X_2(f)$のとき

$$a_1 x_1(t) + a_2 x_2(t) \to a_1 X_1(f) + a_2 X_2(f) \tag{4.10}$$

（2） 微 分

信号を時間領域でn階微分すると

$$\frac{d^n x(t)}{dt^n} \to (j2\pi f)^n X(f) \tag{4.11}$$

すなわち，周波数スペクトルは微分するたびに$j2\pi f$が乗算されて，直流成分はゼロとなり，高周波成分が強調される。

これに対して，フーリエ変換を周波数領域で微分すると，次のようになる。

$$(-j2\pi t)^n x(t) \to \frac{d^n X(f)}{df^n} \tag{4.12}$$

（3） 推移定理

信号に時間遅れを与えて$x(t-\tau)$とすると

$$x(t-\tau) \to e^{-j2\pi f\tau} X(f) \tag{4.13}$$

すなわち，スペクトルは時間遅れに相当する位相項$e^{-j2\pi f\tau}$が付加されるだけで，$X(f)$の絶対値$|X(f)|$は変わらない。

逆に，$X(f)$を周波数軸上でf_0だけ推移させると

$$e^{j2\pi f_0 t} x(t) \to X(f-f_0) \tag{4.14}$$

すなわち，信号に複素正弦波信号$e^{j2\pi f_0 t}$を乗じたものになる。これは5.2節で説明する変調に相当する。

（4） 反 転

信号の時間軸を反転させると，周波数スペクトルの周波数軸も反転する。

$$x(-t) \to X(-f) \tag{4.15}$$

（5） 相似性（時間軸の伸縮）

信号の時間軸をa倍伸張してatとすると

$$x(at) \rightarrow \frac{1}{|a|} X\left(\frac{f}{a}\right) \tag{4.16}$$

すなわち，周波数軸上では，形が $1/|a|$ 倍に圧縮される。

表 4.1 は，フーリエ変換に関して成り立つさまざまな性質をまとめて示したものである。

表 4.1 フーリエ変換の性質

性 質	時間関数	フーリエ変換
1. 線形性	$ax_1(t) + bx_2(t)$	$aX_1(f) + bX_2(f)$
2. たたみこみ	$\displaystyle\int_{-\infty}^{\infty} h(\tau)x(t-\tau)d\tau$ $h(t) \cdot x(t)$	$H(f) \cdot X(f)$ $\displaystyle\int_{-\infty}^{\infty} H(\lambda)X(f-\lambda)d\lambda$
3. 微 分	$\dfrac{d^n x(t)}{dt^n}$ $(-j2\pi t)^n x(t)$	$(j2\pi f)^n X(f)$ $\dfrac{d^n X(f)}{df^n}$
4. 推移定理	$x(t-t_0)$ $x(t)e^{j2\pi f_0 t}$	$X(f)e^{-j2\pi f t_0}$ $X(f-f_0)$
5. 反 転	$x(-t)$	$X(-f)$
6. 相似性	$x(at)$	$\dfrac{1}{|a|} X\left(\dfrac{f}{a}\right)$
7. 双対性	$x(t) \Leftrightarrow X(f)$ のとき	$X(\pm t) \Leftrightarrow x(\mp f)$
8. パーセバルの等式	$\displaystyle\int_{-\infty}^{\infty} x(t)y^*(t)dt = \int_{-\infty}^{\infty} X(f)Y^*(f)df$ $\displaystyle\int_{-\infty}^{\infty} |x(t)|^2 dt = \int_{-\infty}^{\infty} |X(f)|^2 df$	
9. 関数の面積	$X(0) = \displaystyle\int_{-\infty}^{\infty} x(t)dt$, $\quad x(0) = \displaystyle\int_{-\infty}^{\infty} X(f)df$	
10. 対称性	偶関数：$x(t) = x(-t)$ 奇関数：$x(t) = -x(-t)$	偶関数：$X(f) = X(-f)$ 奇関数：$X(f) = -X(-f)$
11. 実関数	$x(t)$：実関数 $x(t)$：実かつ偶関数 $x(t)$：実かつ奇関数	$X(f) = X^*(-f)$ $X(f)$：実かつ偶関数 $X(f)$：純虚数かつ奇関数

54   4. 周波数スペクトルと線形システム

4.4 パーセバルの等式

フーリエ係数ならびにフーリエ変換に関して，次の等式が成り立つ。これを**パーセバルの等式**（Parseval's identity）という（証明は理解度チェック 4.2（4）参照）。

1. フーリエ級数展開におけるパーセバルの等式

周期信号 $x(t)$ の周期が T であるとき

$$\frac{1}{T} \int_{-T/2}^{T/2} |x(t)|^2 dt = \sum_{n=-\infty}^{\infty} |\alpha_n|^2 \tag{4.17}$$

2. フーリエ変換におけるパーセバルの等式

非周期信号 $x(t)$ に関して

$$\int_{-\infty}^{\infty} |x(t)|^2 dt = \int_{-\infty}^{\infty} |X(f)|^2 df \tag{4.18}$$

より一般的には次式が成り立つ。$x(t) = y(t)$ のときが式 (4.18) に対応する。

$$\int_{-\infty}^{\infty} x(t) y^*(t) dt = \int_{-\infty}^{\infty} X(f) Y^*(f) df \tag{4.19}$$

3. パーセバルの等式の意味

パーセバルの等式は物理的には次のような意味をもつ。

例えば，$x(t)$ を電気回路における電圧とすれば $|x(t)|^2$ は $1\,\Omega$（オーム）の抵抗に消費されるエネルギーに相当する。このとき，フーリエ級数展開における式 (4.17) の左辺は周期信号 $x(t)$ の平均電力となる。一方，フーリエ変換における式 (4.18) の左辺は非周期信号 $x(t)$ の全エネルギーとなる。

フーリエ級数展開とフーリエ変換の右辺は，それぞれ信号の平均電力，全エネルギーが周波数成分ごとに分解されていることを意味している。

4.5 時間幅と周波数幅

時間信号 $x(t)$ とその周波数スペクトル $X(f)$ は，その一方をある方向に操作すると，もう一方は逆にふるまう傾向がある。

1. 有限の時間幅，周波数幅の制限

図 4.3 のように，時間信号 $x(t)$ が有限の時間長に制限されているときは，周波数スペクトルは，$-\infty \sim \infty$ の周波数にわたって無限の広がりをもつ。逆に，周波数スペクトル $X(f)$ が有限の帯域に制限されているときは，その元となっている時間信号は，$-\infty \sim \infty$ の時間にわたって無限の時間的な広がりをもつ。時間と周波数のどちらもが有限の範囲に限られている信号は存在しない。

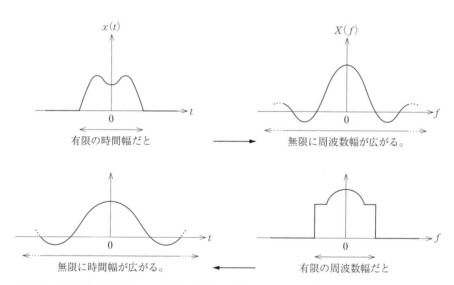

図 4.3 時間幅と周波数幅は，どちらも同時に有限にはできない（フーリエ変換対は模式図）

2. 実効時間幅と実効周波数幅

時間信号の実効時間幅 Δt と周波数スペクトルの実効周波数幅 Δf を，それぞれ次式で定義する

$$(\Delta t)^2 = \frac{\int_{-\infty}^{\infty} t^2 |x(t)|^2 dt}{\int_{-\infty}^{\infty} |x(t)|^2 dt} \tag{4.20}$$

$$(\Delta f)^2 = \frac{\displaystyle\int_{-\infty}^{\infty} f^2 |X(f)|^2 df}{\displaystyle\int_{-\infty}^{\infty} |X(f)|^2 df} \tag{4.21}$$

いわば，Δt と Δf は，関数を確率分布とみなしたときの分布の広がりを示す標準偏差のようなものである。

このとき，一般に Δt を小さくしようとすると Δf は大きくなり，逆に Δf を小さくしようとすると Δt は大きくなる。Δt と Δf はどちらも同時に小さくすることはできず，次のような限界が存在する。

$$\Delta f \cdot \Delta t \geqq \frac{1}{2\pi} \cdot \frac{1}{2} = \frac{1}{4\pi} \tag{4.22}$$

これは，フーリエ変換における**周波数と時間の不確定性**と呼ばれる。証明は省略するが，式 (4.22) の等号は時間信号がガウス波形信号（3.4 節の例 5 に示したように周波数スペクトルも同じガウス形になる）のときに成り立つ。

4.6 たたみこみ定理

フーリエ変換の性質としてもう一つ忘れてはいけない重要な定理がある。

1. 時間軸上のたたみこみ定理
フーリエ変換と線形システムを結びつけるうえで，次の定理は本質的な役割を果たす。

定理 4.1（たたみこみ定理）

二つの時間関数 $x(t)$ と $h(t)$ のそれぞれのフーリエ変換を $X(f)$，$H(f)$ とすると

$$y(t) = \int_{-\infty}^{\infty} h(\tau) x(t-\tau) d\tau \tag{4.23}$$

の形の積分で定義される $y(t)$ のフーリエ変換 $Y(f)$ は

$$Y(f) = H(f) X(f) \tag{4.24}$$

すなわち，$X(f)$ と $H(f)$ の積になる。

ここに，式 (4.23) の形の積分は，$x(t)$ と $h(t)$ の**たたみこみ積分**（convolution）と呼ばれているものである。この定理は，時間軸上でのたたみこみ積分が，フーリエ変換により周波数

軸上は積になることを示している。

証明　$Y(f) = \int_{-\infty}^{\infty} y(t)e^{-j2\pi ft}dt = \int_{-\infty}^{\infty}\left[\int_{-\infty}^{\infty} h(\tau)x(t-\tau)d\tau\right]e^{-j2\pi ft}dt$

積分の順序変換をすると

$$= \int_{-\infty}^{\infty} h(\tau)\left[\int_{-\infty}^{\infty} x(t-\tau)e^{-j2\pi f(t-\tau)}dt\right]e^{-j2\pi f\tau}d\tau$$

$t-\tau = \tau'$ とすると

$$= \int_{-\infty}^{\infty} h(\tau)e^{-j2\pi f\tau}d\tau \cdot \int_{-\infty}^{\infty} x(\tau')e^{-j2\pi f\tau'}d\tau' = H(f)X(f) \quad (証明終わり)$$

ここで，式(4.23)のたたみこみ積分が，線形システムの時間軸上での入出力関係（式(1.22)）と同じ形をしていることに注意してほしい。このことは，このたたみこみ定理が，線形システムの解析と密接に関係していることを意味する。これについては次の4.7節で詳しく述べる。

たたみこみ定理に関連する定理もいくつか紹介しておこう。

2.　周波数軸上のたたみこみ定理

フーリエ変換の双対性により，時間と周波数を取り替えて次の定理も成り立つ。

$$y(t) = h(t)x(t) \tag{4.25}$$

$$Y(f) = \int_{-\infty}^{\infty} H(\lambda)X(f-\lambda)d\lambda \tag{4.26}$$

すなわち，時間関数の積は，周波数軸上でたたみこみ積分になる。

3.　時間軸上の相関関数

たたみこみ積分によく似た積分に，相関関数

$$y(t) = \int_{-\infty}^{\infty} h(\tau)x(t+\tau)d\tau \tag{4.27}$$

がある。このフーリエ変換は

$$Y(f) = H^*(f)X(f) \tag{4.28}$$

となる。ここに$H^*(f)$は$H(f)$の複素共役である。特に$h(t)=x(t)$のときは

$$y(t) = \int_{-\infty}^{\infty} x(\tau)x(t+\tau)d\tau \tag{4.29}$$

に対して

$$Y(f) = X^*(f)X(f) = |X(f)|^2 \tag{4.30}$$

となる。

4.7 線形システムの入出力特性

1.2 節の 4. 項で，線形システムにおいて次の関係が成り立つことを説明した。

> 「基本入力 $x_k(t)$ の線形合成」に対する線形システムの応答は
>
> 「それぞれの基本入力 $x_k(t)$ の応答」の線形合成である。

これに関連して，次の三つの課題を提起した。

- ・課題 1　基本入力 $x_k(t)$ として，どのような信号を選んだらよいか？
- ・課題 2　基本入力 $x_k(t)$ に対するシステムの応答を求める方法は？
- ・課題 3　任意の入力信号を，基本入力 $x_k(t)$ の線形合成で表現する方法は？

この課題に対して本書のこれまでの説明で得られた結論を，復習も兼ねてまとめておこう。

1.　周波数領域における入出力特性

本書ではすでに次の結論が得られている。

- ・課題 1 に対しては，複素正弦波信号が便利である。
- ・課題 2 に対しては，線形システムに複素正弦波信号を入力したときの出力は同じ周波数の複素正弦波信号となり，システムを通過することにより複素振幅が伝達関数倍される。
- ・課題 3 に対しては，一般の時間信号は複素正弦波信号の線形合成で表現できる。

この課題 3 については，具体的にはフーリエ逆変換によって次のように表現される。

$$x(t) = \int_{-\infty}^{\infty} X(f) e^{j2\pi ft} df$$

ここに $X(f)$ は，複素正弦波信号の線形合成で入力 $x(t)$ を表現したときの，周波数 f の成分に対する係数（複素振幅）である。したがって，課題 2 よりこれに伝達関数 $H(f)$ を掛ければ，出力における同じ成分の複素振幅になるから，出力 $y(t)$ は

$$y(t) = \int_{-\infty}^{\infty} \underline{Y(f)} e^{j2\pi ft} df$$

$$= \int_{-\infty}^{\infty} \underline{H(f)X(f)} e^{j2\pi ft} df$$

となる。この入力と出力において，信号の複素振幅（下線部）だけに着目すれば

$$Y(f) = H(f)X(f) \tag{4.31}$$

となる。すなわち，**出力のフーリエ変換 $Y(f)$ は入力のフーリエ変換 $X(f)$ の伝達関数 $H(f)$ 倍である**。

2. 時間領域における入出力特性

時間領域で考えるときは，次のような議論ができる。

・課題1に対してインパルス信号を考える。

・課題2に対して，インパルス信号を入力したときの線形システムの応答はインパルス応答 $h(t)$ で与えられる。

・課題3に対して，入力信号 $x(t)$ を（時間のずれた）インパルス信号の線形合成で表現する。線形システムを通過することによって，そのインパルス信号それぞれがインパルス応答になることを考慮すると，システムの入出力関係は次のようになる。

$$y(t) = \int_{-\infty}^{\infty} x(\tau)h(t-\tau)d\tau$$

$$= \int_{-\infty}^{\infty} h(\tau)x(t-\tau)d\tau \tag{4.32}$$

これが，時間領域で表現した線形システムの入出力関係である。

3. 二つの入出力特性の関係

ここで式(4.32)がたたみこみ積分の形であることに注意してほしい。さらにいえば，式(4.31)の関係と式(4.32)の関係は，4.6節で述べたたたみこみ定理そのものであることに注意してほしい。これは

線形システムの周波数領域の入出力特性の式(4.31)と時間領域の入出力特性の式(4.32)は，たがいにフーリエ変換・逆変換の関係にある

ことを意味する。また，これは

線形システムのインパルス応答 $h(t)$ と伝達関数 $H(f)$ はフーリエ変換の関係にある

ことを示している。

図4.4 は，この関係を示したものである。

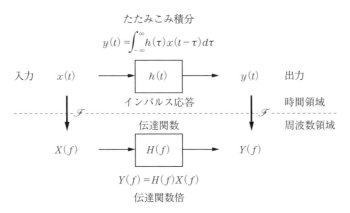

図 4.4 線形システムの入出力関係

4.8 線形システムの応答の求め方

　こうして，線形システムの応答は，時間領域と周波数領域の二通りの方法で求められることが示された。これを**図 4.5** に示す。また，変換という立場からの関係も図に示す。

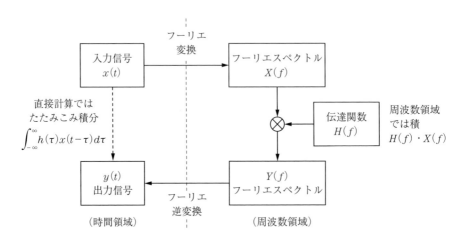

図 4.5 線形システムの応答の求め方

　周波数領域で，線形システムの応答を求めるときは，まず入力 $x(t)$ をフーリエ変換して $X(f)$ を求め，これに伝達関数 $H(f)$ を掛けて $Y(f)$ とし，最後に $Y(f)$ をフーリエ逆変換して出力 $y(t)$ を求めればいい。

　これは時間領域で入力の時間信号を直接たたみこみ積分して出力信号を求める方法に比べ

て回りくどいように思うかもしれない。しかし，それは時間領域でシステムを把握しているからであって，最初から周波数領域で把握していれば，周波数領域における伝達関数の積は時間領域におけるたたみこみ積分よりもはるかに単純であり，またイメージもつかみやすいのである。

なお，線形システムの応答を求める手法として，フーリエ変換とは親戚筋の**ラプラス変換**と呼ばれるものがある。電気回路や制御システムのふるまいを記述するときに便利な変換である。付録 A.2 にその概要を示しておく。

理解度チェック

4.1 本章のまとめとして，次の問いに対してわかりやすく回答せよ。

（1） 信号に周期信号と非周期信号が含まれているときに，どのような周波数スペクトルになるかを示し，その意味を考察せよ。

（2） 実数値をとる信号の周波数スペクトルはどうなるか。知れるところをまとめて示せ。

（3） 表 4.1 に示したフーリエ変換の性質には，フーリエ変換と逆変換の双対性が反映されている。それを確かめよ。

（4） フーリエ級数展開ならびにフーリエ変換におけるパーセバルの等式は物理的に何を意味するのか説明せよ。

（5） フーリエ変換で成り立つたたみこみ定理は，線形システムの解析において本質的な意味をもつ。そのことについて知れるところを示せ。

4.2 本章の本文にある次の関係を自ら導いて本文の理解の手助けとせよ。

（1） 式(4.2)（時間をずらしたインパルス信号のフーリエ変換）を導け。

（2） 式(4.8)と式(4.9)，すなわち実数値をとる信号のスペクトルは，周波数軸上の正と負の同じ周波数において複素共役となることを示せ。

（3） 4.3 節で示したフーリエ変換の性質，すなわち線形性（式(4.10)），時間軸の伸縮（式(4.16)），時間推移（式(4.13)），周波数推移（式(4.14)）の関係式が，それぞれ成り立つことを確かめよ。

（4） フーリエ級数展開におけるパーセバルの等式（式(4.17)）とフーリエ変換におけるパーセバルの等式（式(4.18)）を証明せよ。

4.3 パラメータ σ（統計では標準偏差と呼ばれる）をもつガウス波形

$$x(t) = \frac{1}{\sqrt{2\pi\sigma^2}} \exp\left(-\frac{t^2}{2\sigma^2}\right)$$

のフーリエ変換は，式(3.22)に示したように

$$X(f) = \exp\left\{-\frac{(2\pi\sigma)^2}{2}f^2\right\}$$

で与えられる。これを用いてパラメータ σ_1 をもつガウス波形とパラメータ σ_2 をもつガウス波形のたたみこみ積分が，次式をみたすパラメータ σ_3 をもつガウス波形になることを示せ。

$$\sigma_3{}^2 = \sigma_1{}^2 + \sigma_2{}^2$$

5

信号の標本化と
そのスペクトル

概　要

　この本では，前半で連続時間信号，後半で離散
時間信号を扱っている。本章はその両者をつなぐ
標本化について述べたものである。すなわちまず
信号の標本化によって，そのスペクトルがどう変
化するかを調べ，その結果を用いて標本化定理を
導く。あわせてその観点から信号とスペクトルの
関係をまとめて，次章との橋渡しとなる離散フー
リエ級数展開について述べる。

5.1 信号の標本化

1. 標本化とは

図 5.1 のように，連続時間信号 $x(t)$ が与えられたときに，そのとびとびの時点 $t=nT_0$ における信号値 $x(nT_0)$ をとりだす操作を**標本化**（sampling）という。ここに，T_0 は**標本間隔**（sampling interval），$x(nT_0)$ は**標本値**（sampled value）と呼ばれる。また，標本間隔 T_0 の逆数 $f_s=1/T_0$ を**標本化周波数**（sampling frequency）という。

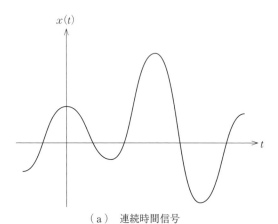

（a）連続時間信号

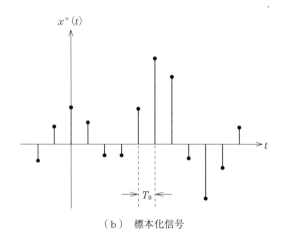

（b）標本化信号

図 5.1 信号の標本化

2. 標本化された信号列の表現

$x(t)$ を標本化して得られた信号列を $x^+(t)$ と記して，その数式表現を求めてみよう。

標本化は，連続時間信号 $x(t)$ を，**図 5.2**（a）のような幅の小さいパルス列とすることに相当する。ここで，パルス幅を τ として，それぞれのパルスの面積を標本値 $x(nT_0)$ に等しくすると，それぞれのパルスの高さは $x(nT_0)/\tau$ となる。

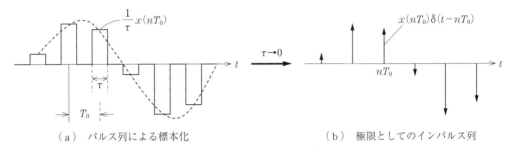

（a）パルス列による標本化　　　　　　（b）極限としてのインパルス列

図 5.2 パルス列による標本化とその極限

この τ を限りなく小さくしてみよう。すると標本化信号列は，図（b）に示すようにインパルス列になる。このそれぞれのインパルスは $x(nT_0)\delta(t-nT_0)$ と記すことができるから，標本化された信号列は次のように数式表現される。

$$x^+(t) = \sum_{n=-\infty}^{\infty} x(nT_0)\delta(t-nT_0) \tag{5.1}$$

5.2 変調

1. 変調としての標本化

図 5.2 は，τ が十分小さいときは，図 5.3 のように信号 $x(t)$ と幅 τ で高さが $1/\tau$ のパルスからなるパルス列の積をとる操作とみなすことができる。この τ を限りなく小さくすると，信号 $x(t)$ とインパルス列 $\delta^+(t)$ の積となる。

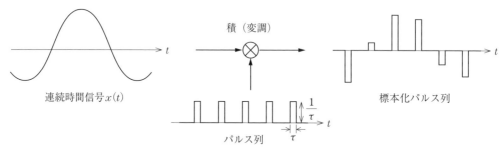

図 5.3 変調としての標本化

一般に信号と信号の積をとる操作は**変調**（modulation）と呼ばれる。ここでは，変調によってそれぞれの周波数スペクトルがどのように変化するか調べてみよう。まずは単純な信号から考えてみよう。

2. 正弦波信号どうしの変調

$x(t)$ と $c(t)$ を，それぞれ周波数 p，周波数 f_c の実数の正弦波信号として $f_c \gg p$ とすると，三角関数の積の公式を使って

$$\begin{aligned}x^+(t) &= x(t) \cdot c(t) \\ &= A \cos 2\pi p t \cdot \cos 2\pi f_c t \\ &= \frac{A}{2} \cos 2\pi (f_c - p) t + \frac{A}{2} \cos 2\pi (f_c + p) t \end{aligned} \quad (5.2)$$

となる。これをスペクトルとして示すと図 5.4 のようになる。単一の正弦波信号が，変調によってそれぞれが周波数 $f_c - p$，$f_c + p$ の二つの正弦波信号に分解されている。

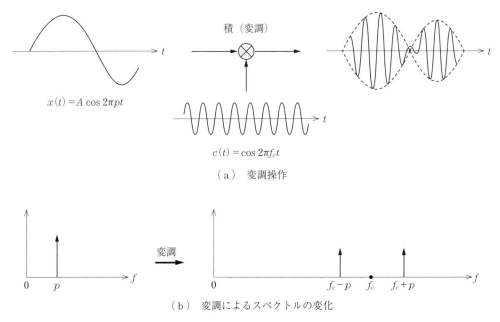

図 5.4 正弦波による変調とスペクトルの変化

3. 複素正弦波信号どうしの変調

それぞれの信号が複素正弦波信号のときはどうなるであろうか。このときは単なる指数関数の積であるから、積は

$$Ae^{j2\pi pt} \cdot e^{j2\pi f_c t} = Ae^{j2\pi (f_c+p)t} \tag{5.3}$$

すなわち、信号に周波数 f_c の複素正弦波信号を掛けると、その結果は周波数が f_c だけ移動した信号となる。

このことを知って、実数の正弦波信号の場合をもう一度考えてみよう。実数の正弦波信号は、2.2 節の 4. 項に示したように周波数が正負の二つの複素正弦波信号に分解できるから、式(5.2)を実際に分解すると

$$x^+(t) = A\frac{1}{2}(e^{j2\pi pt} + e^{-j2\pi pt})\frac{1}{2}(e^{j2\pi f_c t} + e^{-j2\pi f_c t})$$

$$= \frac{A}{4}(e^{j2\pi(-f_c-p)t} + e^{j2\pi(-f_c+p)t} + e^{j2\pi(f_c-p)t} + e^{j2\pi(f_c+p)t}) \tag{5.4}$$

すなわち、変調によって四つの複素正弦波信号になる。

図 5.5（a）はこの様子を示したものである。掛け合わせた信号 $c(t)$ には、二つの複素正弦波信号が含まれており、このそれぞれによって $\pm f_c$ の周波数の移動が起きていることがわかる。図 5.4 では、一つの周波数が二つに別れたように見えたが、実はもともと信号 $x(t)$ に含まれていた成分が $\pm f_c$ だけ周波数移動した結果だったのである。

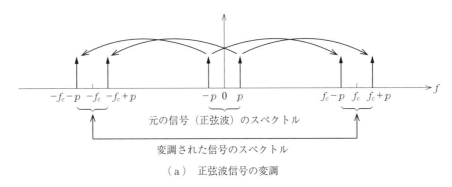

（a） 正弦波信号の変調

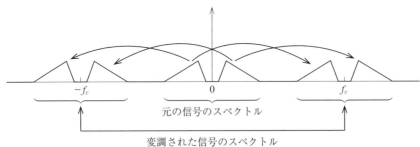

（b） 一般の信号の変調

図 5.5　正弦波による変調と複素周波数スペクトルの変化

4. 一般の信号の正弦波による変調

$x(t)$ が一般の信号で，$c(t)$ が正弦波信号の場合はどうなるであろうか。このときは，$x(t)$ に含まれている周波数スペクトル $X(f)$ が，正弦波信号 $c(t)$ に含まれている二つの複素正弦波信号によって $\pm f_c$ だけ周波数移動した信号となる。この様子を図 5.5（b）に示す。

以上のように，**周波数 f_c の複素正弦波信号を掛けることによって，もともとの信号のスペクトルが周波数 f_c だけ移動する**。これが変調操作の基本である。

5.3 標本化された信号のスペクトル

標本化の議論に戻ろう。標本化された信号 $x^+(t)$ はもともとの信号 $x(t)$ とインパルス列 $\delta^+(t)$ の積として表現された。

ここで，インパルス列 $\delta^+(t)$ の周波数スペクトルは，3.5節の2.項に示したように，周波数軸上でもインパルス列となる。これは3.5節の2.項で示したポアソンの和公式より

$$\delta^+(t) = \sum_{n=-\infty}^{\infty} \delta(t-nT_0) = \frac{1}{T_0}\sum_{n=-\infty}^{\infty} e^{j2\pi n f_s t} \tag{5.5}$$

ただし，$f_s = \dfrac{1}{T_0}$

と表される。この式は，インパルス列が，周波数間隔が f_s ごとに配置されている周波数 nf_s の複素正弦波信号の集まりであることを意味する（**図 5.6**）。

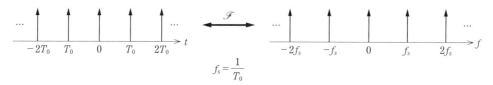

インパルス列は，周波数間隔 $f_s=1/T_0$ ごとに周期的に並ぶ複素正弦波信号の集まりである。

図 5.6 インパルス列とそのスペクトル

この複素正弦波信号の集まりであるインパルス列 $\delta^+(t)$ と信号 $x(t)$ を掛け合わせると，$x(t)$ はそれぞれの複素正弦波信号によって変調を受けることになる。これにより，信号のスペクトル $X(f)$ は，周波数 nf_s（$n=-\infty\sim\infty$）だけ移動する。この結果 $x^+(t)$ の周波数スペクトル $X^+(f)$ は**図 5.7** のようになる。

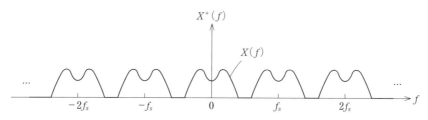

もともとの信号のスペクトル $X(f)$ が，周波数間隔 f_s で周期的に並んだものとなる。

図 5.7 標本化された信号のスペクトル

70　5. 信号の標本化とそのスペクトル

　このように「**標本化された信号の周波数スペクトルは，もともとの信号の周波数スペクト
ル $X(f)$ が周波数間隔 f_s で周期的に並んだものである**」ことが導かれた。

　このスペクトルは，数式で次のようにして導かれる。すなわち，標本化された信号

$$x^+(t) = x(t)\delta^+(t)$$

のスペクトルは，ポアソンの和公式を代入して

$$X^+(f) = \int_{-\infty}^{\infty} x(t)\delta^+(t)e^{-j2\pi ft}\,dt = \int_{-\infty}^{\infty} x(t)\left[\frac{1}{T_0}\sum_{n=-\infty}^{\infty} e^{j2\pi nf_s t}\right]e^{-j2\pi ft}\,dt$$

$$= \frac{1}{T_0}\sum_{n=-\infty}^{\infty}\int_{-\infty}^{\infty} x(t)e^{-j2\pi(f-nf_s)t}\,dt$$

$$= \frac{1}{T_0}\sum_{n=-\infty}^{\infty} X(f-nf_s) \tag{5.6}$$

となる。

5.4 標本化定理

1. 標本化定理とは

　標本化定理は，連続時間信号を標本化するときにどのくらい時間的に密に標本化すべき
か，言い換えると標本化周波数 f_s をどう選んだらいいかという問いに答えるものである。
粗っぽく標本化すると，標本化された信号から元の連続時間信号を復元できない。逆に密に
標本化すればするほど，つまり標本化周波数を高くすればするほど信号の復元にはいいよう
に思えるが，実はそう単純ではない。

　信号が存在する帯域が制限されているときは，次の標本化定理で定められる標本化をすれ
ば，標本化しても元の信号が完全に復元できる。

定理 5.1（標本化定理）

　連続時間信号 $x(t)$ の帯域が $|f| < W$ に周波数制限されているとき，標本化周波数 f_s を
W の 2 倍以上，つまり $f_s \geqq 2W$ とすれば，標本化された信号 $x^+(t)$ から元の信号 $x(t)$ を
完全に復元できる。

　これをシャノン–染谷の**標本化定理**（sampling theorem）という。情報理論の創始者とし
て有名なシャノンが 1949 年に発表したものであるが，同じ年に発行された我が国の染谷勲

博士による「波形伝送」という書物でも同じ定理が示されている。

2. 標本化定理の直感的な証明

標本化定理は周波数軸上で直感的に理解することができる。標本化された信号のスペクトルは，元の信号のスペクトル $X(f)$ が周波数軸上で f_s 間隔で周期的に並ぶから，$X(f)$ の帯域が $|f|<W$ に制限されていれば以下のことがいえる。

- $f_s \geqq 2W$ のときは，図 5.8（a）のように，周期的に並ぶスペクトルに重なりがなく，たがいに分離されている。したがって，$|f|<W$ だけを通過させる低域通過フィルタを用いれば，元と同じ $X(f)$ をとりだすことが可能である。すなわち信号 $x(t)$ が完全に復元できる。
- $f_s < 2W$ のときは，図（b）のように周期的に並んだスペクトルに重なりが生じて，$X(f)$ だけを分離してとりだすことができない。すなわち信号 $x(t)$ を復元できない。

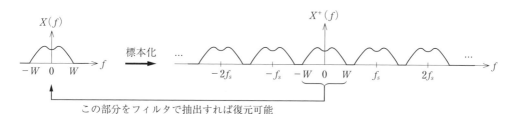

（a） $f_s \geqq 2W$ で標本化定理をみたしている場合

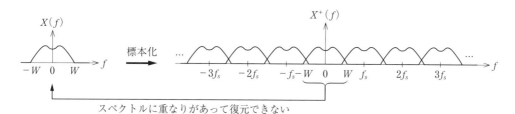

（b） $f_s < 2W$ で標本化定理をみたしていない場合

図 5.8 標本化定理の直感的な説明

5.5 信号の補間

標本化された信号のとびとびの標本値から，時間的に連続した信号 $x(t)$ を復元することを**補間**（interpolation）という。補間は，標本化定理の証明で説明したように，$|f|<W$ の成分だけを通過させる理想的な低域通過フィルタによって実現される。

ここで用いられる理想的な低域通過フィルタは，図 5.9 に示す伝達関数をもつ。このインパルス応答は，3.4 節の例 2 で示したように，図 5.10 のような形で与えられる。数式で示すと

$$h(t) = \frac{\sin 2\pi Wt}{2\pi Wt} \tag{5.7}$$

したがって，標本化された信号 $x^+(t)$ のフィルタ出力は，$T_0 = 1/2W$ とおいて

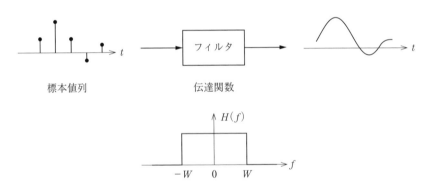

図 5.9 理想的な低域通過フィルタによる信号の補間

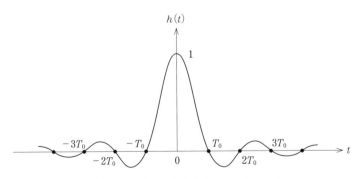

図 5.10 理想的な低域通過フィルタのインパルス応答（標本化関数）

$$x^+(t) = \sum_{n=-\infty}^{\infty} x(nT_0)\delta(t-nT_0)$$

$$= \sum_{n=-\infty}^{\infty} x\left(\frac{n}{2W}\right)\delta\left(t-\frac{n}{2W}\right)$$

に対して

$$x(t) = \sum_{n=-\infty}^{\infty} x\left(\frac{n}{2W}\right)h\left(t-\frac{n}{2W}\right)$$

で与えられる。これに式(5.7)の $h(t)$ を代入すると

$$x(t) = \sum_{n=-\infty}^{\infty} x\left(\frac{n}{2W}\right)\frac{\sin 2\pi W\left(t-\frac{n}{2W}\right)}{2\pi W\left(t-\frac{n}{2W}\right)} \tag{5.8}$$

が得られる。この式は，とびとびの標本値 $x(n/2W)$ だけから，時間的に連続な信号 $x(t)$ が完全に復元できることを意味している（**図5.11**）。その意味で式(5.8)は**補間公式**と呼ばれる。

なお，式(5.8)において，式(5.7)の形の関数が重要な役割を果たしていることがわかる。この理由で，式(5.7)の関数はたびたび**標本化関数**（sampling function）と呼ばれる。

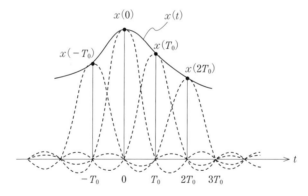

図 5.11 標本化関数による補間

5.6 標本化定理の意味

1. 標本化定理は何を意味するか

標本化定理は，次のことを意味している。

> $|f|<W$ に帯域制限された連続時間信号 $x(t)$ と，$1/2W$ ごとに標本化された信号の標本値列 $x(n/2W)$ は，完全に等価である。言い換えると，一方が与えられれば他方を導くことができる。

このことは不思議に思えるかもしれない。例えば，**図 5.12** のように標本値列が与えられたときは，補間のしかたは何通りもあるように思えるからである。しかしそうではない。$|f|<W$ の成分しかもたない $x(t)$ を補間しようとすると，式(5.8)で与えられる一通りしかない。勝手に行った異なる補間は，必ず $|f|>W$ の成分を含んでしまうのである。

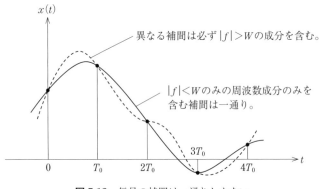

図 5.12 信号の補間は一通りしかない

2. 折り返し歪み

標本化定理をみたさない $f_s<2W$ で標本化してしまったときに，例えば図5.8（b）の周波数の1周期分だけをとりだすと何が起こるのであろうか。このとき**図 5.13** に示すように信号の高域成分が失われ，逆に隣接する周期の成分が混入してくる。この混入する成分は，ちょうど高域の失われた成分を折り返した形をしているので，**折り返し歪み**（**雑音**）あるいは**エリアシング**（aliasing）と呼ばれている。

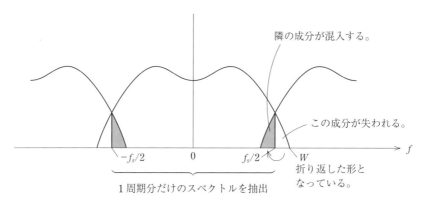

図 5.13 標本化定理をみたさないときの折り返し歪み

3. 標本化定理の応用

標本化定理は，連続的なアナログ信号をディジタル信号に変換するときに重要な役割を果たす。ディジタル化は，時間軸と振幅軸をともに離散的にすることによって実現される。このうち時間軸の離散化が標本化である。一方，振幅軸の離散化を量子化という。標本化定理は，時間軸の離散化の基本定理となるものである。

5.7 信号とスペクトルのまとめ

5.3 節では標本化された離散時間信号が，周波数軸上では周期スペクトルになることが示された。実は，これはフーリエ級数展開において，時間軸上での周期信号が周波数軸上で離散スペクトルになることと双対の関係にある。これを含めて，信号とスペクトルの関係をもう一度まとめておこう（**図 5.14**）。

（1）連続周期信号には，離散非周期スペクトルが対応する。（フーリエ級数展開）
（2）連続非周期信号には，連続非周期スペクトルが対応する。（フーリエ変換）
（3）離散非周期信号には，連続周期スペクトルが対応する。（標本化）

これより，次の対応関係がわかる。

> 連続には非周期が対応する。 離散には周期が対応する。

どちらを時間あるいは周波数とみてもこの関係は成り立つ。

これは連続であるか離散であるか，周期的であるか非周期的であるかの組合せであるから，全体では 4 通りの組合せが存在する。上記ではそのうち 3 通りが示されている。こう

76   5. 信号の標本化とそのスペクトル

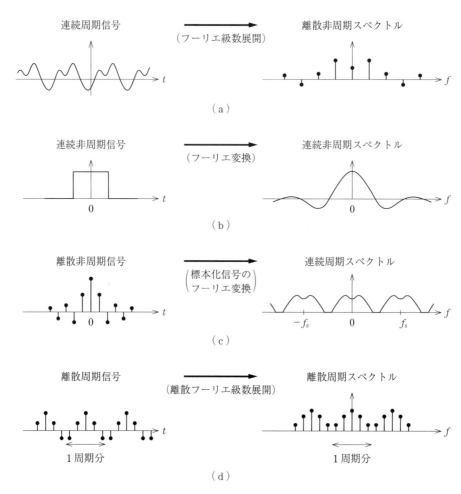

図 5.14　信号とスペクトルの関係（まとめ）

考えるともう一つの組合せがあるはずである．すなわち

（4）　離散周期信号には，離散周期スペクトルが対応する．

このような対応を与える変換が次に述べる離散フーリエ級数展開である．

5.8 離散フーリエ級数展開

1. 離散フーリエ級数展開の定義

図 5.14（d）のような周期 N をもつ離散時間信号を考えよう。この信号の 1 周期分は

$$x(t) = \sum_{n=0}^{N-1} x(nT_0) \delta(t - nT_0) \tag{5.9}$$

で与えられる。これは時間周期が NT_0 の周期信号であるから，形式的にフーリエ級数展開の式にあてはめると，$F_0 = 1/(NT_0)$ とおいて，フーリエ係数は

$$\alpha_k = \frac{1}{NT_0} \int_{NT_0} x(t) e^{-j2\pi k F_0 t} dt$$

$$= \frac{1}{NT_0} \sum_{n=0}^{N-1} x(nT_0) \int_{NT_0} \delta(t - nT_0) e^{-j2\pi k F_0 t} dt$$

$$= \frac{1}{NT_0} \sum_{n=0}^{N-1} x(nT_0) e^{-j2\pi k F_0 n T_0}$$

となる。この積分は，時間長 NT_0 の 1 周期分についてとるものとする。これに $F_0 T_0 = 1/N$ を代入すると

$$\alpha_k = \frac{1}{NT_0} \sum_{n=0}^{N-1} x(nT_0) e^{-j\frac{2\pi}{N} kn} \tag{5.10}$$

を得る。これが離散時間信号の**離散フーリエ級数展開**（discrete Fourier series expansion）の係数である。

2. 係数の周期性

式(5.10)の係数で α_{k+N} を計算すると

$$\alpha_{k+N} = \frac{1}{NT_0} \sum_{n=0}^{N-1} x(nT_0) e^{-j\frac{2\pi}{N}(k+N)n}$$

$$= \frac{1}{NT_0} \sum_{n=0}^{N-1} x(nT_0) e^{-j\frac{2\pi}{N} kn} \cdot e^{-j2\pi n} = \alpha_k \tag{5.11}$$

すなわち α_k に等しい。ここに $e^{-j2\pi n} = 1$ の性質を利用している。このことは周波数軸上の係数もまた時間軸と同じ周期 N をもつことを意味している。すなわち離散周期信号のスペクトルは離散スペクトルとなり，時間軸上と周波数軸上で同じ周期をもつ。

理解度チェック

5.1 本章のまとめとして，次の問いに対してわかりやすく回答せよ。
（1） 時間軸における信号の標本化は，周波数軸においてそのスペクトルにどのような影響を与えるか説明せよ。
（2） 信号の帯域が制限されているとき，標本化定理によれば，標本化された離散時間信号から元の連続時間信号を復元することが可能である。なぜか？
（3） 周期 N の離散周期信号は，同じ周期 N の離散周期スペクトルをもつ。なぜ周期が同じなのか？

5.2 連続時間信号 $x(t)$ の周波数スペクトルが $X(f)$ であるとき，変調によって $x(t)$ と正弦波信号 $\cos 2\pi f_c t$ の積をとったときに，積の信号の周波数スペクトルがどうなるか数式で示せ。

5.3 図 **5.15** に示すように周波数 f_1 と f_2 の間に帯域が限定された信号を標本化したい。どのようにすれば効率的に標本化できるか考察せよ。

図 5.15

6

離散フーリエ変換と高速フーリエ変換

概　要

　フーリエ変換を離散時間信号に適用すると離散フーリエ変換（DFT）になる。本章では，まずは離散フーリエ変換と逆変換を定義して，その性質を明らかにする。特に離散たたみこみ定理は，次章で述べる離散時間システムを扱うときの基本関係式となる。本章の後半では，離散フーリエ変換の高速演算法を紹介する。それは高速フーリエ変換（FFT）と呼ばれている。高速フーリエ変換を用いると，離散フーリエ変換の演算量を近似なしに桁違いに削減できる。しかもそれは極めて美しいアルゴリズムで実現される。

6.1 離散フーリエ変換

1. 有限長の標本値列のフーリエ変換

コンピュータなどで信号を数値処理するときは，有限長の標本値列が処理の対象となる。ここでは，次のような長さ N の標本値列を考えよう。ここに標本間隔を T_0 とすると

$$x(0),\ x(T_0),\ x(2T_0),\ \cdots,\ x((N-1)T_0)$$

これを数値的にフーリエ変換するときは，時間だけでなく周波数の離散化も必要となる。すなわち，それぞれ $t=nT_0$，$f=kf_0$ とおいて，さらに時間刻み dt を標本間隔 T_0 として積分を総和におきかえると，フーリエ変換の式(3.15)は

$$X(kf_0) = \sum_{n=0}^{N-1} x(nT_0)e^{-j2\pi kf_0 nT_0} \cdot T_0 \tag{6.1}$$

となる。

2. 離散フーリエ変換の定義

式(6.1)において，時間刻み T_0 と周波数刻み f_0 が，$f_0T_0 = 1/N$ の関係にあるように選ばれているものとしよう。このとき（総和についている定数 T_0 は省略すると）

$$X(kf_0) = \sum_{n=0}^{N-1} x(nT_0)e^{-j\frac{2\pi}{N}kn} \tag{6.2}$$

ここで，変換の指数関数の部分を $W_N = e^{-j2\pi/N}$ とおくと

$$e^{-j\frac{2\pi}{N}kn} = W_N^{kn}$$

となり，あわせて時間信号とスペクトルを $x(nT_0) \to x(n)$，$X(kf_0) \to X(k)$ と簡潔に記すと，式(6.2)は次のような表現となる。

$$X(k) = \sum_{n=0}^{N-1} x(n)W_N^{kn} \tag{6.3}$$

$$\text{ただし，} W_N = e^{-j2\pi/N}$$

これを，長さ N のデータ $x(n)$ $(n=0, 1, 2, \cdots, N-1)$ の **離散フーリエ変換** (discrete Fourier transform)，略して **DFT** と呼ぶ。このとき $X(k)$ は，離散フーリエ係数あるいは DFT 係数と呼ばれる。

離散フーリエ変換は，データとその長さ N だけが与えられれば，時間刻み T_0 や周波数刻み f_0 に関係なく定義される。その意味では，時間や周波数という物理的な現象とは独立し

た純粋な数値演算である。

3. 回転子 W_N

離散フーリエ変換では W_N が中心的な役割を果たしている。これは，絶対値が1，偏角が $-2\pi/N$ の複素数である。複素平面では**図 6.1**（a）の点Pに位置しており，これを2乗，3乗，…すると，それぞれもまた図（b）に示すように単位円上に回転する。これは1周すると $W_N^N = 1$ となり，その後はまた回転して同じ点を繰り返すだけとなる。すなわち W_N^k は k に関して周期 N をもつ。このように W_N は，複素平面上の回転を与える演算子であり，**回転子**（twiddle factor）と呼ばれることもある。

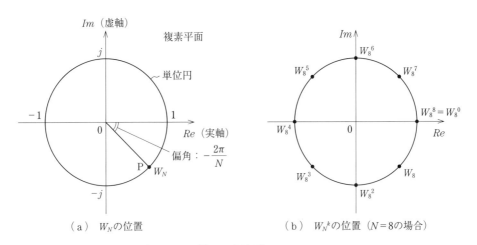

（a）W_N の位置   （b）W_N^k の位置（$N=8$ の場合）

図 6.1 回転子 W_N

4. 離散フーリエ変換の周期性

上記の W_N の周期性から，離散フーリエ係数 $X(k)$ そのものの周期性が導かれる。すなわち

> **定理 6.1（DFT 係数の周期性）**
> $X(k)$ は周期 N をもつ。すなわち
> $$X(k+rN) = X(k) \quad (r：整数) \tag{6.4}$$

証明　$X(k+rN) = \sum_{n=0}^{N-1} x(n) W_N^{(k+rN)n}$

$$= \sum_{n=0}^{N-1} x(n) W_N^{kn} \cdot W_N^{Nrn} = X(k) \qquad \text{（証明終わり）}$$

82　6. 離散フーリエ変換と高速フーリエ変換

この定理は，離散フーリエ変換によって得られる係数は 1 周期分の N 個のみであって，あとはその繰り返しであることを意味する。ここに N は，もともとのデータの個数であるから

> 離散フーリエ変換は，N 個のデータ $x(n)$ $(n=0,\ 1,\ \cdots,\ N-1)$ から，N 個の係数 $X(k)$ $(k=0,\ 1,\ \cdots,\ N-1)$ への変換である

ことがわかる。

5. 離散フーリエ逆変換

離散フーリエ逆変換は，N 個の係数 $X(k)$ から N 個のデータ $x(n)$ へ戻す変換として定義される。これは次式で与えられる。

$$x(n)=\frac{1}{N}\sum_{k=0}^{N-1}X(k)W_N^{-kn}\qquad(n=0,\ 1,\ 2,\ \cdots,\ N-1)\tag{6.5}$$

右辺の総和の全体についている $1/N$ は戻したときに値を調節する係数である。この式によって係数 $X(k)$ からデータ $x(n)$ へ戻せることは，次のようにして証明できる。すなわち $l,\ n$ が整数のとき

$$\sum_{k=0}^{N-1}W_N^{k(l-n)}=\begin{cases}N&(l=n\quad\text{または}\quad l=n+rN)\\0&(l\ne n\quad\text{または}\quad l\ne n+rN)\end{cases},\qquad(r:\text{整数})\tag{6.6}$$

が成り立つ（理解度チェック 6.2（1）参照）ことに注意して，式(6.5)の右辺を変形すると

$$\text{右辺}=\frac{1}{N}\sum_{k=0}^{N-1}\left[\sum_{l=0}^{N-1}x(l)W_N^{kl}\right]W^{-kn}=\frac{1}{N}\sum_{l=0}^{N-1}x(l)\left[\sum_{k=0}^{N-1}W_N^{k(l-n)}\right]$$

ここで式(6.6)を代入すると

$$=\frac{1}{N}\sum_{l=0}^{N-1}x(l)\cdot\begin{cases}N&(l=n)\\0&(l\ne n)\end{cases}=x(n)$$

すなわち，左辺 $x(n)$ に等しい。

こうして，離散フーリエ変換と逆変換があわせて定義された。すなわち

定義 6.1（離散フーリエ変換と逆変換）

$$X(k)=\sum_{n=0}^{N-1}x(n)W_N^{kn}\qquad(k=0,\ 1,\ \cdots,\ N-1)\tag{6.7}$$

$$x(n)=\frac{1}{N}\sum_{k=0}^{N-1}X(k)W_N^{-kn}\qquad(n=0,\ 1,\ \cdots,\ N-1)\tag{6.8}$$

ただし，$W_N=e^{-j2\pi/N}$ $\tag{6.9}$

6.2 離散フーリエ変換の本質

離散フーリエ変換は，前節で示したように，連続時間信号に対する通常のフーリエ変換の近似として定義された．しかし，その変換と逆変換は，式(6.7)と式(6.8)で示されているように簡潔な表現で与えられる．これより，離散フーリエ変換はフーリエ変換の単なる近似ではなく，それ自体できれいな数学的な構造をもつ変換であることが予想される．

ここで，前章の最後で述べた離散フーリエ級数展開と本章の離散フーリエ変換を比較していただきたい．

(離散フーリエ級数展開) $\quad \alpha_k = \dfrac{1}{NT_0} \sum_{n=0}^{N-1} x(nT_0) e^{-j\frac{2\pi}{N}kn}$ \hfill (5.10)′

(離散フーリエ変換) $\quad X(kf_0) = \sum_{n=0}^{N-1} x(nT_0) e^{-j\frac{2\pi}{N}kn}$ \hfill (6.2)′

であるから，両者は全体に掛かる係数 $1/NT_0$ の違いだけで，本質的には同じ変換であることがわかる．すなわち

> 長さ N の有限長データの離散フーリエ変換は，そのデータを1周期分としてもつ離散周期信号の離散フーリエ級数展開の係数に（定数倍を除いて）相当する．

こうして，通常のフーリエ変換の近似として得られた離散フーリエ変換が，数学的には周期データに対する離散フーリエ級数展開であることが示された．離散フーリエ級数展開では，時間データと周波数係数はともに周期 N をもち，その1周期分どうしの変換が離散フーリエ変換だったのである．この関係を図 6.2 に示す．

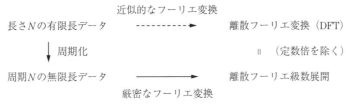

図 6.2 離散フーリエ変換の本質

次節以降で，離散フーリエ変換のいろいろな性質について述べるが，複雑にみえる性質が，この変換がもともと周期信号に対する級数展開であることに注意すると理解できることが少なくない．

6.3 離散フーリエ変換の性質

　離散フーリエ変換にも，通常のフーリエ変換とほぼ同じ性質がある。これを**表6.1**に示す。以下ではいくつか重要な関係について説明しておこう。

表6.1 離散フーリエ変換の性質

性　質	時間データ系列	DFT 係数
1. 線形性	$ax_1(n) + bx_2(n)$	$aX_1(k) + bX_2(k)$
2. たたみこみ[†]	$\sum_{l=0}^{N-1} h(l)x(n-l)$	$H(k) \cdot X(k)$
	$h(n) \cdot x(n)$	$\dfrac{1}{N}\sum_{m=0}^{N-1} H(m)X(k-m)$
3. 相　関[†]	$\sum_{l=0}^{N-1} h^*(l)x(l+n)$	$H^*(k) \cdot X(k)$
	$h^*(n) \cdot x(n)$	$\dfrac{1}{N}\sum_{m=0}^{N-1} H^*(m)X(m+k)$
4. 推移定理[†]	$x(n-l)$	$X(k)W_N^{lk}$
	$x(n)W_N^{-nl}$	$X(k-l)$
5. 反　転	$x(N-n)$	$X(N-k)$
6. 共　役	$x^*(n)$	$X^*(N-k)$
	$x^*(N-n)$	$X^*(k)$
7. 双対性	$x(n) \leftrightarrow X(k)$ のとき	$\dfrac{1}{N}X(n) \leftrightarrow x(N-k)$
		$\dfrac{1}{N}X(N-n) \leftrightarrow x(k)$
8. パーセバルの等式	$\sum_{n=0}^{N-1} x(n)y^*(n) =$	$\dfrac{1}{N}\sum_{k=0}^{N-1} X(k)Y^*(k)$
	$\sum_{n=0}^{N-1} \lvert x(n)\rvert^2 =$	$\dfrac{1}{N}\sum_{k=0}^{N-1} \lvert X(k)\rvert^2$
9. 系列の総和	$X(0)=\sum_{n=0}^{N-1} x(n),$	$x(0)=\dfrac{1}{N}\sum_{k=0}^{N-1} X(k)$
10. 対称性	偶対称：$x(n)=x(N-n)$ 奇対称：$x(n)=-x(N-n)$	偶対称：$X(k)=X(N-k)$ 奇対称：$X(k)=-X(N-k)$
11. 実数値列	$x(n)$：実数 $x(n)$：実かつ偶対称 $x(n)$：実かつ奇対称	$X(k)$：共役偶対称 $\quad\quad X(k)=X^*(N-k)$ $X(k)$：実かつ偶対称 $X(k)$：純虚数かつ奇対称

注）　†のついている性質は $x(n)$，$X(k)$ がいずれも周期的であるとしている。

1. 実数のデータの DFT

離散フーリエ変換において，データ $x(n)$ は一般的に複素数値であってもよい．これが，たまたま実数であると，離散フーリエ係数には特別の性質が生まれる．

すなわち通常のフーリエ変換において，時間信号が実数のときは正負の周波数でたがいに複素共役の関係にあったが，これは離散フーリエ変換でもそのまま成り立つ．

$$X(k) = X^*(-k) \tag{6.10}$$

ここで，離散フーリエ係数 $X(k)$ の周期性により $X(-k) = X(N-k)$ であるから，$k = 0, 1, 2, \cdots, N-1$ の範囲では，その前半と後半で

$$X(k) = X^*(N-k) \quad \left(k = 1, 2, \cdots, \frac{N}{2}-1\right) \tag{6.11}$$

が成り立つ（理解度チェック 6.2（1））．すなわち**図 6.3** に示すように**データが実数のときは，離散フーリエ係数の前半部分と後半部分はたがいに複素共役の関係にある**．

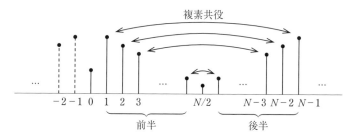

図 6.3 実数データの DFT の前半と後半はたがいに複素共役の関係にある（N が偶数のときを図示）

N 個の実数データの離散フーリエ変換は一般的には N 個の複素数（実部，虚部それぞれで $2N$ 個の実数）になって，一見自由度が 2 倍になったように見えるが，実は式 (6.11) の制約があるので，当然ながら自由度はまったく変わっていないのである（理解度チェック 6.2（3）参照）．

2. パーセバルの等式

離散フーリエ変換における**パーセバルの等式**は次のように与えられる．

$x(n)$ と $y(n)$ をいずれも長さ N のデータとして，それぞれの DFT 係数を $X(k)$，$Y(k)$ とすると

$$\sum_{n=0}^{N-1} x(n)y^*(n) = \frac{1}{N}\sum_{k=0}^{N-1} X(k)Y^*(k) \tag{6.12}$$

ここに $y^*(n)$, $Y^*(k)$ は複素共役を意味する。

特に，$x(n)=y(n)$ のときは

$$\sum_{n=0}^{N-1} |x(n)|^2 = \frac{1}{N}\sum_{k=0}^{N-1} |X(k)|^2 \tag{6.13}$$

となる。すなわち，$x(n)$ の絶対値の 2 乗の総和は，$X(k)$ の絶対値の 2 乗の総和を $1/N$ 倍したものに等しい（理解度チェック 6.2（4）参照）。

6.4 離散たたみこみ定理

フーリエ変換におけるたたみこみ定理（4.6 節参照）は，離散フーリエ変換（DFT）でも成り立つ。しかし多少の注意を必要とする。

1. 直線たたみこみと循環たたみこみ

DFT では，長さ N の有限長のデータを対象とするので，その離散たたみこみは次式で与えられる。

$$y(n) = \sum_{k=0}^{N-1} h(k)x(n-k) \tag{6.14}$$

ここで問題となるのは，$x(n-k)$ で $n-k<0$ となるときの扱いである。もともとの $x(n)$ は $n=0$, 1, 2, $\cdots$, $N-1$ の範囲の有限長データであったから，その範囲で考えると

$$x(n-k) = 0 \qquad (n-k<0) \tag{6.15}$$

となる。一方で，DFT が数学的には周期 N をもつ周期系列に対する離散フーリエ変換であったことを思い起こすと，データが周期的に並んでいると考えて

$$x(n-k) = x(n-k+N) \tag{6.16}$$

とすることも考えられる。こうすることにより，式(6.14)の右辺の総和に $x(n)$, $n=0$, 1, 2, $\cdots$, $N-1$ がすべて含まれるようになる。

$x(n-k)$ として式(6.15)を仮定する離散たたみこみを**直線たたみこみ**（linear convolution），式(6.16)を仮定する離散たたみこみを**循環たたみこみ**あるいは**巡回たたみこみ**（cyclic convolution）という。

2. 離散たたみこみ定理

離散たたみこみ定理は循環たたみこみに対して定義される。

定理 6.2（離散たたみこみ定理）

$x(n)$ と $h(n)$ をいずれも長さ N として，それぞれの DFT 係数を $X(k)$, $H(k)$ とする。このとき，循環たたみこみ

$$y(n) = \sum_{k=0}^{N-1} h(k)x(n-k) \qquad (n=0,\ 1,\ 2,\ \cdots,\ N-1) \tag{6.17}$$

で与えられる $y(n)$ の DFT 係数 $Y(k)$ は，$X(k)$ と $H(k)$ の積で与えられる。すなわち

$$Y(k) = H(k)X(k) \tag{6.18}$$

証明 $\displaystyle Y(k) = \sum_{n=0}^{N-1} y(n) W_N^{kn} = \sum_{n=0}^{N-1}\sum_{l=0}^{N-1} h(l)x(n-l) W_N^{kn}$

ここで $n-l=m$ とおくと

$$= \sum_{l=0}^{N-1} h(l) \sum_{m=-l}^{N-1-l} x(m) W_N^{k(l+m)} = \sum_{l=0}^{N-1} h(l) W_N^{kl} \cdot \sum_{m=-l}^{N-1-l} x(m) W_N^{km}$$

となり，さらに $x(m)$ と W_N^{km} の周期性を考慮すると

$$= \sum_{l=0}^{N-1} h(l) W_N^{kl} \cdot \sum_{m=0}^{N-1} x(m) W_N^{km} = H(k)X(k) \qquad \text{（証明終わり）}$$

この離散たたみこみ定理における $H(k)$ は，離散時間線形システムの伝達関数としての意味をもつ。**図 6.4** は，この定理におけるそれぞれの関係を図示したものである。

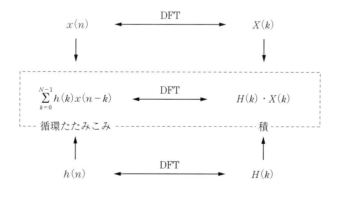

図 6.4 離散たたみこみ定理

6.5 離散フーリエ変換の行列表現

離散フーリエ変換（DFT）は，N 個のデータから N 個の DFT 係数への線形変換であるから，行列で表現できる。すなわち，$N=8$ の場合は，$W_8 = W$ とおいて

$$
\begin{bmatrix} X(0) \\ X(1) \\ X(2) \\ X(3) \\ X(4) \\ X(5) \\ X(6) \\ X(7) \end{bmatrix} = \begin{bmatrix} W^0 & W^0 & W^0 & W^0 & W^0 & W^0 & W^0 & W^0 \\ W^0 & W^1 & W^2 & W^3 & W^4 & W^5 & W^6 & W^7 \\ W^0 & W^2 & W^4 & W^6 & W^8 & W^{10} & W^{12} & W^{14} \\ W^0 & W^3 & W^6 & W^9 & W^{12} & W^{15} & W^{18} & W^{21} \\ W^0 & W^4 & W^8 & W^{12} & W^{16} & W^{20} & W^{24} & W^{28} \\ W^0 & W^5 & W^{10} & W^{15} & W^{20} & W^{25} & W^{30} & W^{35} \\ W^0 & W^6 & W^{12} & W^{18} & W^{24} & W^{30} & W^{36} & W^{42} \\ W^0 & W^7 & W^{14} & W^{21} & W^{28} & W^{35} & W^{42} & W^{49} \end{bmatrix} \begin{bmatrix} x(0) \\ x(1) \\ x(2) \\ x(3) \\ x(4) \\ x(5) \\ x(6) \\ x(7) \end{bmatrix} \tag{6.19}
$$

この変換行列を DFT 変換行列という。この変換行列には特別な性質がある。

まず，W_N の周期性に着目すると

$$W_N^{rN+m} = W_N^m \qquad (r：整数，例えば \quad W_8^{30} = W_8^{24+6} = W_8^6)$$

であるから，DFT 変換行列の成分は簡潔になり

$$
\begin{bmatrix} X(0) \\ X(1) \\ X(2) \\ X(3) \\ X(4) \\ X(5) \\ X(6) \\ X(7) \end{bmatrix} = \begin{bmatrix} 1 & 1 & 1 & 1 & 1 & 1 & 1 & 1 \\ 1 & W^1 & W^2 & W^3 & W^4 & W^5 & W^6 & W^7 \\ 1 & W^2 & W^4 & W^6 & 1 & W^2 & W^4 & W^6 \\ 1 & W^3 & W^6 & W^1 & W^4 & W^7 & W^2 & W^5 \\ 1 & W^4 & 1 & W^4 & 1 & W^4 & 1 & W^4 \\ 1 & W^5 & W^2 & W^7 & W^4 & W^1 & W^6 & W^3 \\ 1 & W^6 & W^4 & W^2 & 1 & W^6 & W^4 & W^2 \\ 1 & W^7 & W^6 & W^5 & W^4 & W^3 & W^2 & W^1 \end{bmatrix} \begin{bmatrix} x(0) \\ x(1) \\ x(2) \\ x(3) \\ x(4) \\ x(5) \\ x(6) \\ x(7) \end{bmatrix} \tag{6.20}
$$

と表される。すなわち，変換行列の成分は $1, W_N^1, W_N^2, \cdots, W_N^{N-1}$ のみとなる。さらに，例えば $N=8$ のときに，$W_8^2 = -j$，$W_8^4 = -1$，$W_8^6 = j$ であることを使えば，もっと簡単になる。

これに加えて DFT 変換行列の成分が，きれいに規則的に配列されていることに着目すると，DFT を計算する巧妙な変換アルゴリズムがあるのではと想像させる。これが次に述べる高速フーリエ変換である。

6.6 高速フーリエ変換

1. 離散フーリエ変換の演算量

長さ N のデータに対する DFT を N 点 DFT という。これは直接計算すると，一つの DFT 係数に対して（1 倍も含めて）N 回の複素乗算，全体で N 個の係数に対して N^2 回の複素乗算を必要とする。その演算量は N に対してその 2 乗に比例して多くなる。

これに対して，1965 年に Cooley と Tukey は，$(N/2)\log_2 N$ 回で演算できるアルゴリズムを導いた。直接計算の演算量 N^2 に比べると，**図 6.5** に示すように画期的に演算量が削減されることがわかる。これを**高速フーリエ変換**（fast Fourier transform），略して **FFT** という。

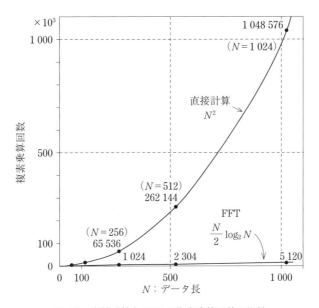

図 6.5 直接計算と FFT の複素乗算回数の比較

2. 高速フーリエ変換の考え方

なぜこのような画期的な削減が可能なのだろうか。その秘密はデータの分割にある。

N 点 DFT の直接演算量は N^2 であるから，これを 2 分割してそれぞれに対して $N/2$ 点 DFT を適用すると，二つ合わせて演算量は $(N/2)^2 \times 2 = N^2/2$ となる。すなわち N^2 の半分になる。したがって，N 点 DFT がこの二つの $(N/2)$ 点 DFT の結果を組み合わせることによって計算できて，その組合せに必要な演算量が残りの $N^2/2$ よりもはるかに少なければ，全体として演算量を削減できることになる（**図 6.6**）。

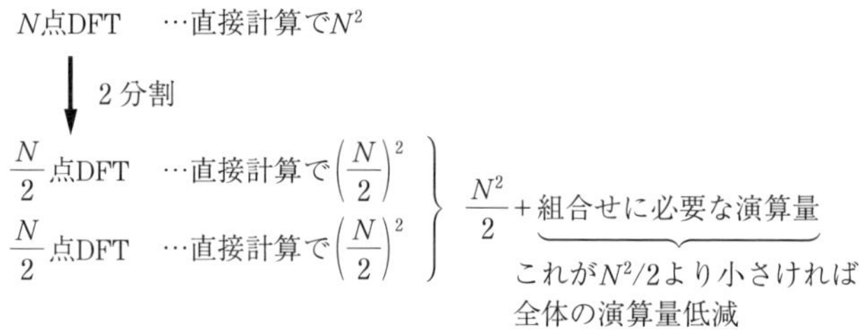

90   6. 離散フーリエ変換と高速フーリエ変換

N点DFT　…直接計算でN^2

↓ 2分割

$\dfrac{N}{2}$点DFT　…直接計算で$\left(\dfrac{N}{2}\right)^2$

$\dfrac{N}{2}$点DFT　…直接計算で$\left(\dfrac{N}{2}\right)^2$　$\left.\right\}$ $\underbrace{\dfrac{N^2}{2}+\text{組合せに必要な演算量}}$

これが$N^2/2$より小さければ
全体の演算量低減

図 6.6 データの分割による演算量低減

　このようなことが可能であれば，$(N/2)$点DFTも2分割して$(N/4)$点DFTの組合せとすれば，さらに演算は削減できる。これを繰り返せばいい。

3. 高速フーリエ変換アルゴリズム

　具体的にFFTのアルゴリズムを導いてみよう。

　まず，与えられたN個（偶数）のデータを偶数番目と奇数番目に分けて，次のように2分割する。

$$x(2l)=g(l) \qquad \left(l=0,\ 1,\ 2,\ \cdots,\ \frac{N}{2}-1\right)$$

$$x(2l+1)=h(l) \qquad \left(l=0,\ 1,\ 2,\ \cdots,\ \frac{N}{2}-1\right) \tag{6.21}$$

次に，この二つの長さ$(N/2)$のデータのそれぞれに対して$(N/2)$点DFTを適用する。その結果を

$$G(k)=\sum_{l=0}^{N/2-1} g(l)\,W_{N/2}{}^{kl} \qquad \left(k=0,\ 1,\ \cdots,\ \frac{N}{2}-1\right) \tag{6.22}$$

$$H(k)=\sum_{l=0}^{N/2-1} h(l)\,W_{N/2}{}^{kl} \qquad \left(k=0,\ 1,\ \cdots,\ \frac{N}{2}-1\right) \tag{6.23}$$

とする。

　一方，もともとのN点DFTの定義式は，データを分割して，次のように変形される。

$$X(k)=\sum_{h=0}^{N-1} x(n)\,W_N{}^{kn}=\sum_{l=0}^{N/2-1} g(l)\,W_N{}^{k(2l)}+\sum_{l=0}^{N/2-1} h(l)\,W_N{}^{k(2l+1)}$$

ここで，$W_N{}^2=W_{N/2}$であるから，これを代入すると

$$X(k)=\sum_{l=0}^{N/2-1} g(l)\,W_{N/2}{}^{kl}+W_N{}^k\sum_{l=0}^{N/2-1} h(l)\,W_{N/2}{}^{kl} \tag{6.24}$$

となる。この右辺の二つの総和をよく見ると，それぞれ式(6.22)と式(6.23)で与えられた

$G(k)$ と $H(k)$ にほかならない。すなわち，$G(k)$ と $H(k)$ が定義された $k=0,\ 1,\ \cdots,\ N/2-1$ に対しては

$$X(k) = G(k) + W_N^k H(k) \qquad \left(k=0,\ 1,\ \cdots,\ \frac{N}{2}-1\right) \tag{6.25}$$

こうして $X(k)$ の前半の係数が求められた。一方で，後半の係数は，$G(k)$ と $H(k)$ がともに周期が $N/2$ であることを考えて，さらに $W_N^{N/2} = -1$ を考慮すると

$$X\left(k+\frac{N}{2}\right) = G\left(k+\frac{N}{2}\right) + W_N^{(k+N/2)} H\left(k+\frac{N}{2}\right)$$

$$= G(k) - W_N^k H(k) \qquad \left(k=0,\ 1,\ \cdots,\ \frac{N}{2}-1\right) \tag{6.26}$$

となる。

こうして，N 点 DFT 係数 $X(k)$ が，データを 2 分割して得られた二つの $(N/2)$ 点 DFT である $G(k)$ と $H(k)$ を，式(6.25)と式(6.26)で組み合わせることによって求められることが示された。この組合せの演算量は，$(N/2)$ 個の $H(k)$ に対して W_N^k を掛けるだけであるから，全体で複素乗算は $N/2$ 回となる。これは N が十分に大きければ，$N^2/2$ に比べてはるかに小さい値となる。

図 6.7 は，式(6.25)と式(6.26)の演算を**信号の流れ図**（signal flow graph）で示したものである。ここで，もし $N/2$ そのものが偶数のときは，$(N/2)$ 点 DFT も分割できて，**図 6.8** のようになる。さらに $(N/4)$ 点 DFT が分割できるときは，それを繰り返せばいい。

結局，データの長さ N が $N=2^m$ のときは，この分割を m 回繰り返すことができる。例えば $N=8=2^3$ のときは $m=3$ 段に分割できて，**図 6.9** のようになる。

これが**高速フーリエ変換（FFT）アルゴリズム**である。

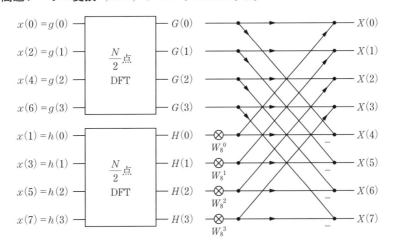

図 6.7 N 点 DFT の $(N/2)$ 点 DFT への分解と合成（$N=8$）

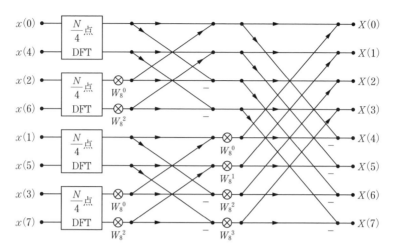

図 6.8 図 6.7 における $(N/2)$ 点 DFT の $(N/4)$ 点 DFT への分解

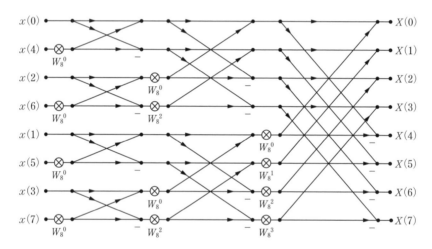

図 6.9 $N=8$ の FFT アルゴリズム

6.7 高速フーリエ変換の性質

1. バタフライ演算

図6.9より，高速フーリエ変換は，**図6.10**のような基本演算の繰り返しであることがわかる。これは，形が蝶に似ているので，**バタフライ演算**（butterfly operation）と呼ばれている。

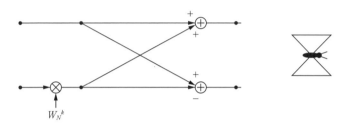

図6.10 FFTバタフライ

このバタフライ演算は，一つの複素乗算と二つの加減算で構成されている。複素乗算回数に注目すると，バタフライ演算は1段当り$N/2$個あり，全体ではこれが$m = \log_2 N$段あるから，全体の複素乗算回数は，$(N/2)\log_2 N$回となる。この演算量がもとの直接演算よりも大幅に節減されていることは，図6.5でみてきた通りである。

2. FFTアルゴリズムの特徴

FFTアルゴリズムには，次のような特徴がある。

（1） データの順序変更

図6.9にあるように，FFTアルゴリズムでは，入力データの順序変更が行われている。これはDFTを分割するときにデータを偶数番目と奇数番目に分けて，これを繰り返したために生じたものである。この順序変更は，次のような規則に基づいている。

例で説明すると，$N = 8$のときの10進数で示された順序を，まず**図6.11**のように2進数で表示する。次に，この2進数を左右反転させて最上位ビットと最下位ビットが逆になるように並び替える。そしてこれを再び10進数表示する。するとこれは自然な順序の10進数となっている。

すなわちこの操作を行うと自然な順序になるように，入力は規則的に並んでいるのである。このような入力の並べ方を**ビット逆転順序**（bit-reverse order），略して**ビット逆順**という。

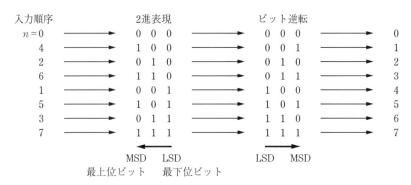

図 6.11　ビット逆転順序

（2）並列インプレイス演算

FFT は典型的な並列演算である。しかも，それぞれのバタフライ演算において，出力を計算すると，もはやその入力はほかで使われることがない。したがって，出力データを入力データと同じ位置に格納することができる。このような操作は**インプレイス演算**（in-place operation）と呼ばれている。すなわち，FFT は，並列なインプレイス演算の繰り返しである。

3. FFT の行列表示

最後に，FFT アルゴリズムの行列表現を，$N=8$ の場合について示しておこう。下記の式には，ゼロではない行列成分のみが示されている。これからわかるように，それぞれの行列におけるゼロではない行列成分はほんのわずかである（$W^0=1$ の計算も必要ないが，わかりやすくするため記してある）。このような行列は**疎行列**（**スパース行列**）と呼ばれている。FFT は式(6.19)の DFT 行列を疎行列の積で表現したものにほかならない。

$$\begin{bmatrix} X(0) \\ X(1) \\ X(2) \\ X(3) \\ X(4) \\ X(5) \\ X(6) \\ X(7) \end{bmatrix} = \begin{bmatrix} 1 & & & & 1 & & & \\ & 1 & & & & 1 & & \\ & & 1 & & & & 1 & \\ & & & 1 & & & & 1 \\ 1 & & & & -1 & & & \\ & 1 & & & & -1 & & \\ & & 1 & & & & -1 & \\ & & & 1 & & & & -1 \end{bmatrix} \begin{bmatrix} 1 & & & & & & & \\ & 1 & & & & & & \\ & & 1 & & & & & \\ & & & 1 & & & & \\ & & & & W^0 & & & \\ & & & & & W^1 & & \\ & & & & & & W^2 & \\ & & & & & & & W^3 \end{bmatrix}$$

$$\times \begin{bmatrix} 1 & 1 & & & 1 & 1 & & \\ 1 & & 1 & & 1 & & 1 & \\ 1 & -1 & & & 1 & -1 & & \\ 1 & & -1 & & 1 & & -1 & \\ 1 & 1 & & & 1 & 1 & & \\ 1 & & 1 & & 1 & & 1 & \\ 1 & -1 & & & 1 & -1 & & \\ 1 & & -1 & & 1 & & -1 & \end{bmatrix} \begin{bmatrix} 1 & & & & & & & \\ & 1 & & & & & & \\ & & W^0 & & & & & \\ & & & W^2 & & & & \\ & & & & 1 & & & \\ & & & & & 1 & & \\ & & & & & & W^0 & \\ & & & & & & & W^2 \end{bmatrix}$$

$$
\times
\begin{bmatrix}
1 & 1 & & & & & & \\
1 & -1 & & & & & & \\
& & 1 & 1 & & & & \\
& & 1 & -1 & & & & \\
& & & & 1 & 1 & & \\
& & & & 1 & -1 & & \\
& & & & & & 1 & 1 \\
& & & & & & 1 & -1
\end{bmatrix}
\begin{bmatrix}
1 & & & & & & & \\
& W^0 & & & & & & \\
& & 1 & & & & & \\
& & & W^0 & & & & \\
& & & & 1 & & & \\
& & & & & W^0 & & \\
& & & & & & 1 & \\
& & & & & & & W^0
\end{bmatrix}
\begin{bmatrix}
x(0) \\
x(4) \\
x(2) \\
x(6) \\
x(1) \\
x(5) \\
x(3) \\
x(7)
\end{bmatrix}
$$

$$(6.27)$$

理解度チェック

6.1 本章のまとめとして，次の問いに対してわかりやすく回答せよ。

（1） 離散フーリエ変換は，長さ N の離散時間データから，同じ長さの離散周波数スペクトルへの変換である。なぜ長さが等しくなっているのか？

（2） 離散フーリエ変換について成り立つ表 6.1 の性質を，フーリエ変換の表 4.1 と比較して，似ているところと違っているところを指摘せよ。

（3） 高速フーリエ変換は，なぜ演算量を格段に節約できているのか。その理由を説明せよ。

6.2 本章の本文にある次の関係を自ら導いて本文の理解の手助けとせよ。

（1） $W_N{}^N = 1$ であることを用いて式(6.6)が成り立つことを示せ。

（2） データ $x(n)$ が実数であるとき，離散フーリエ係数 $X(k)$ において式(6.11)が成り立つことを示せ。

（3） 長さ N のデータ $x(n)$ が実数であるとき，離散フーリエ係数 $X(k)$ の自由度も N であることを示せ。

（4） 離散フーリエ変換におけるパーセバルの等式（式(6.13)）を証明せよ。

6.3 $x(n)$，$y(n)$ をそれぞれ長さ N の実数値列として，それぞれを実部，虚部としてもつ複素数値列
$$z(n) = x(n) + jy(n) \qquad (n = 0,\ 1,\ \cdots,\ N-1)$$
を新たに定義する。$z(n)$ の N 点 DFT 係数 $Z(k)\,(k = 0,\ 1,\ \cdots,\ N-1)$ を用いて，$x(n)$，$y(n)$ それぞれの DFT 係数 $X(k)$，$Y(k)$ を求める公式を導け。

6.4 本章で紹介した FFT アルゴリズムは，与えられた N 個のデータを偶数番目と奇数番目

に2分割している。これは時間間引きアルゴリズムと呼ばれている。これに対して，N 個のデータを前半と後半に分けて

$$x(l) = g(l), \qquad x\left(l + \frac{N}{2}\right) = h(l) \qquad \left(l = 0, \ 1, \ \cdots, \ \frac{N}{2} - 1\right)$$

と2分割しても類似のアルゴリズム（周波数間引きアルゴリズム）が導かれる。

（1）　$x(n)$ の N 点 DFT 係数が，$[g(l) + h(l)]$ の $N/2$ 点 DFT 係数と $[g(l) - h(l)]W_N{}^l$ の $N/2$ 点 DFT 係数の組合せで表現できることを示せ。

（2）　（1）を繰り返すことにより，$N = 2^m$ のアルゴリズムが導かれる。$N = 8$ の場合のアルゴリズムを図6.9の形で図示せよ。

（3）　次の点に関して，時間間引き，周波数間引きの両アルゴリズムを比較せよ。

　　①$N = 2^m$ のときの乗算回数

　　②FFT バタフライの形

7

離散時間システム

概　要

　本章では，離散時間信号を対象とした離散時間システムについて学ぶ。まずは線形で時不変な離散時間システムを定義して，その応答が単位パルス応答を用いた離散たたみこみで表されることを導く。そしてこの入出力応答を解析する手法として z 変換が便利であることを示す。この z 変換を用いると離散時間システムの基本的な回路構成が導かれる。これは実際にディジタルフィルタを構成するときの基礎となるものである。

7.1 線形で時不変な離散時間システム

1. 離散時間システム

$n = -\infty \sim \infty$ で定義された離散時間信号 $x(n)$ を考える。これを別の離散時間信号 $y(n)$ に変換する図 7.1 のようなシステムを**離散時間システム**（discrete-time system）といい，次のような記号で記す。

$$y(n) = \phi[x(n)] \quad \text{または} \quad x(n) \to y(n) \tag{7.1}$$

図 7.1　離散時間システム

2. 線形離散時間システム

連続システムと同じように，次のような離散時間システムの線形性が定義される。

定義 7.1（線形性）

システムの入力が基本信号 $x_k(n)$ の線形合成

$$x(n) = \sum_k a_k x_k(n) \tag{7.2}$$

で表現されるとき，出力がそれぞれの基本信号の応答 $\phi[x_k(n)]$ の線形合成

$$y(n) = \phi[x(n)] = \sum_k a_k \phi[x_k(n)] \tag{7.3}$$

となるとき，この離散時間システムは**線形**であるという。

---

3. 時不変離散時間システム

また，次のようにして時間離散システムの時不変性が定義される。

> **定義 7.2（時不変性）**
> システムのある時点における入力 $x(n)$ に対する出力が $y(n)$ であるとき，時点をずらした入力 $x(n-k)$ に対する出力が同じ時点だけずれた $y(n-k)$ となるとき，この離散時間システムは**時不変**（time-invariant）であるという。

以下では，線形で時不変な離散時間システムを対象とする。

7.2 離散時間システムの応答

線形で時不変な離散時間システムの入出力応答の具体的な表現を導く。

1. 単位パルス応答

まず次のような**単位パルス信号**（unit-pulse signal）を定義する。

$$\delta(n) = \begin{cases} 1 & (n=0) \\ 0 & (n \neq 0) \end{cases} \tag{7.4}$$

これは**図 7.2** のように，$n=0$ のときのみ値が 1 となる信号である。この単位パルス信号に対するシステムの応答を**単位パルス応答**（unit-pulse response）と呼び，$h(n)$ と記す。

図 7.2 単位パルス信号と単位パルス応答

2. 一般の入力に対する応答

一般の信号 $x(n)$ は，単位パルスを用いて，次のように表現できる。

$$x(n) = \sum_{k=-\infty}^{\infty} x(k)\delta(n-k) \tag{7.5}$$

右辺の総和に含まれている $x(k)$ は，時点 k だけずれた単位パルス信号 $\delta(n-k)$ に掛かる信号値である。

したがって，式(7.5)が線形性を定義した式(7.2)に相当するものであると考えれば，線形離散時間システムの出力 $y(n)$ は

$$y(n) = \sum_{k=-\infty}^{\infty} x(k)\phi[\delta(n-k)] \tag{7.6}$$

となる．さらに離散時間システムの時不変性を仮定すれば，$\phi[\delta(n-k)] = h(n-k)$ が成立するから代入すると

$$y(n) = \sum_{k=-\infty}^{\infty} x(k)h(n-k) \tag{7.7}$$

が得られる．これは変数変換（$n-k \to k$）を行うと

$$y(n) = \sum_{k=-\infty}^{\infty} h(k)x(n-k) \tag{7.8}$$

と表現できる．この式は線形で時不変な離散時間システムの応答の離散たたみこみ表現と呼ばれている．

さらに，システムに対して

$$h(n) = 0 \quad (n < 0) \tag{7.9}$$

となる条件をつけることもある．これは，単位パルス信号 $\delta(n)$ がシステムに入力された時点より以前には出力がないことを意味している．このときシステムは**因果的**（causal）であると呼ばれる．

以上で時不変で因果的な線形離散時間システムの入出力の関係が導かれた．すなわち

定理 7.1（線形離散時間システムの入出力の関係）

時不変で因果的な線形離散時間システムの入力を $x(n)$，単位パルス応答を $h(n)$ とすると，出力 $y(n)$ は次のような離散たたみこみで与えられる．

$$y(n) = \sum_{k=0}^{\infty} h(k)x(n-k) \tag{7.10}$$

図 7.3 はこれを説明したものである．

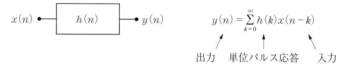

図 7.3　線形離散時間システムの応答

7.3 z 変換

1. z 変換の定義

離散時間システムの応答を伝達関数で表現することもできる。離散時間システムでは，フーリエ変換に代わって，次式で定義される z 変換が重要な役割を果たす。

定義 7.3（z 変換）

$n=0$ から始まる離散時間信号 $x(n)$ $(n=0,\ 1,\ 2,\ \cdots)$ に対して

$$X(z) = \sum_{n=0}^{\infty} x(n) z^{-n} \tag{7.11}$$

で定義される $X(z)$ を，$x(n)$ の **z 変換**（z-transform）という。

---

2. フーリエ変換との関係

この z 変換は，フーリエ変換と次のような関係がある。標本間隔が T_0 の離散時間信号は

$$x(t) = \sum_{n=0}^{\infty} x(nT_0) \delta(t-nT_0) \tag{7.12}$$

と表されるから，これをフーリエ変換の定義式に代入すると

$$X(f) = \int_{-\infty}^{\infty} x(t) e^{-j2\pi ft}\, dt = \int_{-\infty}^{\infty} \sum_{n=0}^{\infty} x(nT_0) \delta(t-nT_0) e^{-j2\pi ft}\, dt$$

$$= \sum_{n=0}^{\infty} x(nT_0) \int_{-\infty}^{\infty} \delta(t-nT_0) e^{-j2\pi ft}\, dt = \sum_{n=0}^{\infty} x(nT_0) e^{-j2\pi fnT_0}$$

を得る。これは，$z = e^{j2\pi fT_0}$ とおいて，f の関数ではなくて z の関数とすると

$$X(z) = \sum_{n=0}^{\infty} x(nT_0) z^{-n} \tag{7.13}$$

となる。これを $n=0$ から始まる離散時間信号 $x(n)$ に対して適用したものが，上の z 変換の定義式(7.11)である。

なお，時間が片方に制限された式(7.11)の z 変換を**片側 z 変換**，それに対して時間の正負の両側をとって，$n=-\infty \sim \infty$ としたときの z 変換を**両側 z 変換**と呼ぶことがある。

本書では，定義 7.3 の片側 z 変換を考える。

3. z 変換の例

基本的な信号の z 変換の例を示す。

例1　単位パルス信号

単位パルス信号 $\delta(n)$ の z 変換は，定数 1 である。

例2　指数的に減少する信号

図 7.4 のように指数的に減少する信号を考える。数式で示せば

$$x(n) = a^n \qquad (n \geqq 0) \tag{7.14}$$

これを z 変換の定義式に代入すると，無限等比級数であることを考慮して

$$X(z) = \sum_{n=0}^{\infty} a^n z^{-n} = \sum_{n=0}^{\infty} (az^{-1})^n = \frac{1}{1-az^{-1}} = \frac{z}{z-a} \tag{7.15}$$

となる。ただし，これが収束するためには

$$|az^{-1}| < 1$$

すなわち

$$|z| > |a| \tag{7.16}$$

であることが必要である。

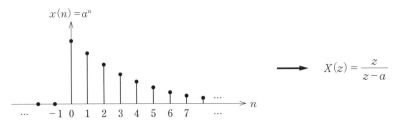

図 7.4　指数的に減少する信号と z 変換

4. z 変換の収束性

z 変換は無限級数であるから収束性が問題となる。前項の例 2 では，$|z|>|a|$，つまり z の複素平面で考えれば，図 7.5 のように半径が $|a|$ の円の外側で収束する。

一般に z 変換は，原点を中心とする円の外側で収束する。この境界となる円は**収束円** (convergence circle) と呼ばれる。

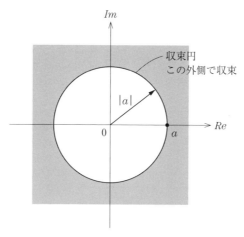

図 7.5 z 変換が収束する範囲

7.4 離散たたみこみ定理と伝達関数

1. 離散たたみこみ定理

z 変換の重要な性質として次の定理がある。

定理 7.2（z 変換における離散たたみこみ定理）

$x(n)$ と $h(n)$ の z 変換をそれぞれ $X(z)$,$H(z)$ とすると

$$y(n) = \sum_{k=0}^{\infty} h(k)x(n-k) \tag{7.17}$$

に対する z 変換は，$X(z)$ と $H(z)$ の積となる。すなわち

$$Y(z) = H(z)X(z) \tag{7.18}$$

これが離散時間システムにおけるたたみこみ定理である（証明は理解度チェック 7.2（1））。

2. z 領域伝達関数

離散たたみこみ定理において，式 (7.17) は線形離散システムの時間領域での入出力応答にほかならないことに注意してほしい。これを z 変換して式 (7.18) の関係になることは，$H(z)$ がシステムの z 領域伝達関数になることを意味している。ここに $h(n)$ は，システムの単位パルス応答であったから

> 単位パルス応答 $h(n)$ と z 領域伝達関数 $H(z)$ は z 変換と逆変換の関係にある

ことがわかる。図 7.6 はこのような線形離散時間システムの入力と出力の関係を示したものである。これは線形連続時間システムについて説明した図 4.4 に相当するものである。

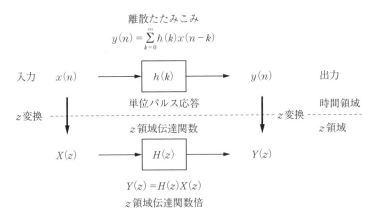

図 7.6 線形離散時間システムの入出力関係

3. 周波数特性

z 領域伝達関数から容易にシステムの周波数特性を求めることができる。すなわち，もともと z は

$$z = e^{j2\pi f T_0} \tag{7.19}$$

であったから，これを $H(z)$ に代入すればシステムの周波数特性が得られる。これには次の性質がある。

> 離散時間システムの周波数特性は，信号の標本間隔が T_0 であるとき，周波数軸上で $1/T_0$ の周期をもつ。

これは，式(7.19)の z そのものが $1/T_0$ の周期性をもつことから導かれる。もともと標本間隔が T_0 の離散時間信号は，第 5 章で述べたように周波数軸上で周期 $1/T_0$ をもつから，その伝達関数が同じ周期をもつことは当然であるともいえる。

7.5 FIR システムと IIR システム

具体的な離散時間システムについて，その入出力関係を調べてみよう。

1. FIR システム

単位パルス応答が，有限の時間長 $h(0)$, $h(1)$, $\cdots$, $h(K)$ に限られているとき，そのシステムを**有限インパルス応答システム**（finite impulse response system），略して **FIR システム**という。この時間領域での入出力応答は有限の総和

$$y(n) = \sum_{k=0}^{K} h(k)x(n-k) \tag{7.20}$$

で与えられる。これは z 領域で考えると

$$Y(z) = H(z)X(z) \tag{7.21}$$

ただし，$H(z) = \sum_{k=0}^{K} h(k)z^{-k}$

となる。あるいは単位パルス応答 $h(k)$ の値をそのままシステムの係数として $a_k = h(k)$ とすれば，伝達関数は次のような表現ができる。

$$H(z) = A(z)$$
$$= \sum_{k=0}^{K} a_k z^{-k} \tag{7.22}$$

図 **7.7** は，式 (7.22) の関係を回路で表現したものである。z^{-1} は，1 タイムスロットの遅延素子を意味しており，z^{-1} はその伝達関数にほかならない。

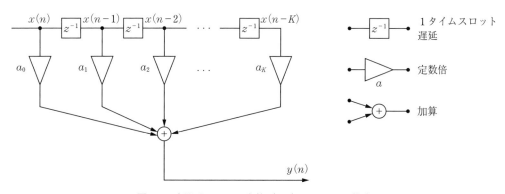

図 **7.7** 有限インパルス応答（FIR）システムの構成

一般に，線形な離散時間システムは，図に示されているように，係数の乗算器，加算器，そして1タイムスロットの遅延素子が回路構成要素となる。

2. IIR システム

単位パルス応答が，無限の時間長 $h(0)$, $h(1)$, … と継続するとき，そのシステムを**無限インパルス応答システム**（infinite impulse response system），略して **IIR システム**という。

これを図7.7のように実現しようとすると無限個の遅延素子が必要となる。これを有限個の遅延素子で実現するには，**図7.8** のように出力をフィードバックさせて，信号を無限に循環させればいい。

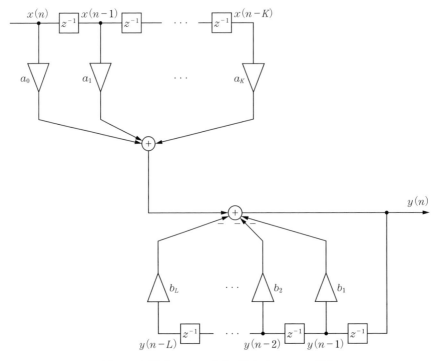

図 7.8 無限インパルス応答（IIR）システムの構成

この図7.8のシステムの入出力応答は次式で与えられる。

$$y(n) = \sum_{k=0}^{K} a_k x(n-k) - \sum_{l=1}^{L} b_l y(n-l) \tag{7.23}$$

ここに右辺第1項は，現在および過去の入力に依存する項，第2項は過去の出力をフィードバックすることによって得られる項である（符号が負になっているのは後の表現をきれいにするためで特別な意味はない）。

式 (7.23) は，第 1 項と第 2 項がいずれもたたみこみ和の形をしていることに注意すると，次のように z 変換できる。

$$Y(z) = A(z)X(z) - B(z)Y(z) \tag{7.24}$$

ただし

$$A(z) = \sum_{k=0}^{K} a_k z^{-k} \tag{7.25}$$

$$B(z) = \sum_{l=1}^{L} b_l z^{-l} \tag{7.26}$$

したがって，これを整理すると

$$(1 + B(z))Y(z) = A(z)X(z)$$

より

$$Y(z) = \frac{A(z)}{1 + B(z)} X(z) \tag{7.27}$$

すなわち，この IIR システムは

$$H(z) = \frac{A(z)}{1 + B(z)} \tag{7.28}$$

となる z 領域伝達関数をもつことがわかる。

7.6 離散時間システムの回路構成

1. リカーシブな構成とノンリカーシブな構成

離散時間システムは，前節の図 7.7 あるいは図 7.8 のような回路で構成される。図より明らかなように，図 7.8 にはフィードバックがあり，図 7.7 にはない。一般に，回路の中にフィードバックがあるものは**リカーシブ**（**再帰型**あるいは**巡回型**）**構成**（recursive configuration），フィードバックがないものを**ノンリカーシブ**（**非再帰型**あるいは**非巡回型**）**構成**（nonrecursive configuration）と呼ばれる。

IIR システムは必ずリカーシブ構成である。FIR システムはノンリカーシブ構成が多い（ごく一部にリカーシブ構成もある）。

2. 伝達関数と回路構成の関係

式(7.28)の伝達関数は，$A(z)$ と $B(z)$ が多項式であることに注意して展開すると，次のようにも表現できる。

$$H(z) = \frac{A(z)}{1+B(z)} = \frac{a_0 + a_1 z^{-1} + a_2 z^{-2} + \cdots + a_K z^{-K}}{1+(b_1 z^{-1} + b_2 z^{-2} + \cdots + b_L z^{-L})} \tag{7.29}$$

すなわち，伝達関数 $H(z)$ は z^{-1} の有理関数（多項式の比）であり，その分母と分子の係数は，そのまま図 7.8 の回路構成の係数に相当している。

なお，式(7.29)の伝達関数は，分子の伝達関数 $A(z)$ と分母の伝達関数 $1/(1+B(z))$ の積とみなすことができる。図 7.8 の回路構成は，このうち分子 $A(z)$ を先に構成し，その後に

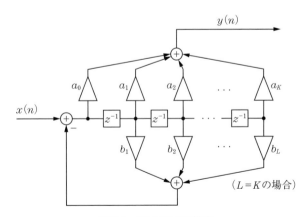

図 7.9 IIR 回路の別構成

分母の $1/(1+B(z))$ を接続したものである。この順序を交換すると，遅延素子を共有できて，図 7.9 のような構成となる。

3. 回路の縦属型構成

式 (7.29) の伝達関数の分母と分子はいずれも多項式であるから，それぞれを因数分解すれば，伝達関数はより次数の低い伝達関数の積として表現できる。すなわち，それぞれの因数を適当に割り付ければ，一般に

$$H(z) = H_M(z) \cdots H_1(z) H_0(z) \tag{7.30}$$

と表現される。これは，$H_k(z)$ を伝達関数とする回路を図 7.10 のように縦続に接続すれば実現される。

図 7.10 回路の縦続構成

4. 二次の IIR 回路による実現

縦続接続のそれぞれの要素となる $H_k(z)$ は，分母と分子をともに 2 次の多項式として，図 7.11 のような回路で構成することが多い（この回路の伝達関数は理解度チェック 7.2（2））。

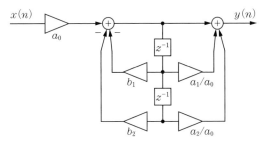

図 7.11 二次の IIR 回路

110   7. 離散時間システム

理解度チェック

7.1 本章のまとめとして，次の問いに対してわかりやすく回答せよ。

（1） 離散時間システムの入出力応答は，単位パルス応答と入力の離散たたみこみの形で表される。これと離散フーリエ変換における離散たたみこみ定理との関係はどうなっているか？（完全には一致しないことに注意せよ）

（2） 離散時間システムでは，その伝達関数はフーリエ変換ではなくて z 変換で定義することが多い。なぜ z 変換が使われるのか？

（3） 離散時間システムの z 領域伝達関数は有理関数（多項式の比）で表現されることが多い。なぜ有理関数になるのか？　それは離散時間システムの回路構成にどう関係しているのか？

7.2 本章の本文にある次の関係を自ら導いて本文の理解の手助けとせよ。

（1） 離散たたみこみ定理（式(7.17)）を証明せよ。

（2） 図 7.11 の回路の z 領域伝達関数 $H(z)$ を求めよ。

7.3 次の離散時間信号の z 変換を求めよ。いずれも b は定数とする。

（1） $x(n) = \sin(bn)$ 　　 $(n \geq 0)$

（2） $x(n) = \cos(bn)$ 　　 $(n \geq 0)$

7.4 $x(n)$ を入力，$y(n)$ を出力とするとき，次の入出力関係をもつ離散時間システムを考える。ここに a, b は実数の定数とする。

$$y(n) - ay(n-1) = x(n) - bx(n-1)$$

（1） このシステムの回路構成を示せ。

（2） このシステムの z 領域伝達関数 $H(z)$ を求めよ。

（3） このシステムの単位パルス応答 $h(n)$ を求めよ。

8

二次元信号とスペクトル

概　要

　本書では，時間のみを変数とする一次元信号について，その解析法を学んできた。ここで学んだことは画像などの多次元の信号にもほぼそのまま適用できる。ここでは二次元の信号を例として，その扱い方を説明する。まずは二次元に拡張したフーリエ変換を定義して，二次元信号が二次元の正弦波の組合せで表現できることを示す。その分布を表したのが二次元スペクトルである。またこれは二次元システムの解析にも適用できる。例えば画像のモアレや走査，標本化などがこれで説明できる。最後に二次元離散フーリエ変換を定義して，その高速計算法を示す。

8.1 二次元フーリエ変換

1. 二次元信号

私たちに最もなじみのある二次元信号は画像であろう。画像は，図 **8.1** に示すように，平面座標 (x, y) を独立変数とする関数 $g(x, y)$ として扱うことができる。例えば白黒画像の場合は，座標 (x, y) の点における画像の明るさが $g(x, y)$ の関数値となる。

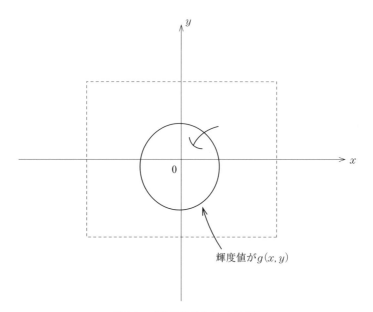

図 8.1 二次元信号としての画像

二次元はさらに多次元に拡張できる。変数として時間 t を追加すれば，動画像 $g(x, y, t)$ となる。これは三次元信号である。時間 t の代わりに空間の奥行き z を追加してもよい。これは三次元立体 $g(x, y, z)$ となる。さらにこれが動けば $g(x, y, z, t)$ となり，四次元信号となる。

以下では，二次元信号についてその扱い方を学ぶ。それらはより多次元にも適用できる（理解度チェック 8.2）。

8.1 二次元フーリエ変換　　*113*

2. 二次元フーリエ変換

二次元信号 $g(x, y)$ に対してもフーリエ変換と逆変換が定義できる。

定義 8.1（二次元フーリエ変換と逆変換）

$$G(u, v) = \int_{-\infty}^{\infty} \int_{-\infty}^{\infty} g(x, y) e^{-j2\pi(ux + vy)} \, dxdy \tag{8.1}$$

$$g(x, y) = \int_{-\infty}^{\infty} \int_{-\infty}^{\infty} G(u, v) e^{j2\pi(ux + vy)} \, dudv \tag{8.2}$$

ここに，$g(x, y)$ の二次元スペクトル $G(u, v)$ は**空間周波数スペクトル**（spatial frequency spectrum）と呼ばれる。また，u と v を，それぞれ **x 方向の空間周波数**（spatial frequency），**y 方向の空間周波数**という。

3. 二次元フーリエ変換の意味

式(8.1)の二次元フーリエ変換は，$g(x, y)$ に対して，x と y に関してそれぞれ別々に通常の一次元フーリエ変換したものにほかならない。すなわち

（1）　まず $g(x, y)$ の変数 y を固定して，変数 x について一次元フーリエ変換を行う。この x に対応する周波数の変数を u とする。

（2）　次に変数 y について一次元フーリエ変換を行う。この y に対応する周波数の変数を v とする。

（3）　こうして u と v の関数 $G(u, v)$ が得られる。

この操作を数式で表すと，次のようになる。

$$G(u, v) = \int_{-\infty}^{\infty} \left[\int_{-\infty}^{\infty} g(x, y) e^{-j2\pi ux} \, dx \right] e^{-j2\pi vy} \, dy \tag{8.3}$$

これを整理したものが，式(8.1)で示した二次元フーリエ変換である。

4. 二次元正弦波信号

式(8.2)の二次元逆フーリエ変換は，一次元の場合と同じく，信号 $g(x, y)$ の正弦波信号への分解を表している。この成分画像は，**図 8.2** に示す**二次元正弦波**（two-dimensional sinusoidal wave）である。図の正弦波において，x 方向の周期を T_x，y 方向の周期を T_y とすると，T_x と T_y の逆数がそれぞれの方向の空間周波数 u，v に相当している。

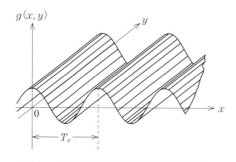
（a）x方向のみに変化する二次元正弦波

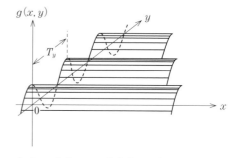
（b）y方向のみに変化する二次元正弦波

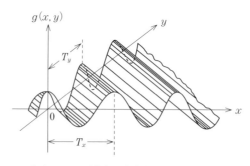
（c）x,y両方向に変化する二次元正弦波

図 8.2 二次元正弦波

5. 二次元スペクトル

二次元正弦波は，数式では次のように表すことができる。

$$g(x,y) = \cos\{2\pi(ux+vy)\} \tag{8.4}$$

これは図8.2に示したように，(x,y)平面上で傾いた正弦波状の濃淡をもつ画像であって，$ux+vy=0$または整数のときに値が1となる。

式(8.4)の二次元正弦波は，次のように二次元空間周波数(u,v)と$(-u,-v)$をもつ**二次元複素正弦波**に分解される。すなわち

$$\cos\{2\pi(ux+vy)\} = \frac{1}{2}(e^{j2\pi(ux+vy)} + e^{-j2\pi(ux+vy)}) \tag{8.5}$$

図 8.3 は，図8.2のそれぞれの二次元正弦波に対して，その成分となっている二次元複素正弦波の(u,v)平面での位置を示したものである。

このように二次元信号$g(x,y)$の二次元スペクトル$G(u,v)$は，空間周波数(u,v)を座標とする平面上の関数として図示される。例えば**図8.4**（a）のような(x,y)平面上で原点を中心とする円周内のみで輝度をもつ画像の空間周波数スペクトルは図（b）のようになる。

8.1 二次元フーリエ変換　115

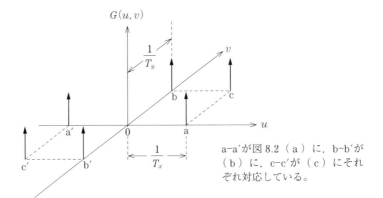

a-a'が図 8.2（a）に，b-b'が（b）に，c-c'が（c）にそれぞれ対応している。

図 8.3　二次元正弦波のスペクトル

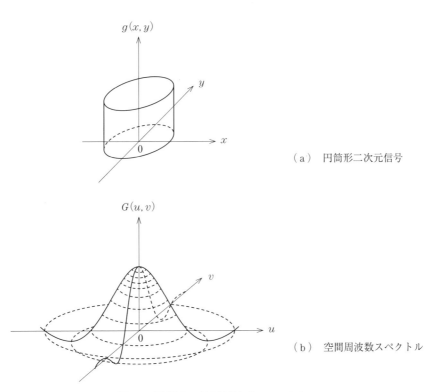

（a）円筒形二次元信号

（b）空間周波数スペクトル

図 8.4　円筒形二次元信号とそのスペクトル

8.2 二次元システム

1. 二次元システム

画像のような二次元信号のスペクトル表現は，撮像系などの画像装置の特性を評価するときに重要な役割を果たす。

ここでは，図 8.5 のように，二次元信号 $f(x,y)$ を入力，$g(x,y)$ を出力とする二次元システムを考えよう。

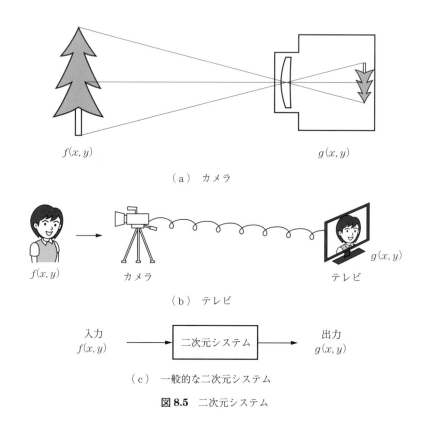

図 8.5 二次元システム

2. 入出力特性

二次元システムが線形で，しかもその特性が平面上の位置 (x,y) に依存しなければ，その入出力特性は，次のような二次元たたみこみで表される。

$$g(x,y) = \int_{-\infty}^{\infty}\int_{-\infty}^{\infty} h(x',y')f(x-x',y-y')dx'dy' \tag{8.6}$$

また，これを二次元フーリエ変換すると，入力と出力のそれぞれの空間周波数スペクトルの間に次の関係が成り立つ．

$$G(u,v) = H(u,v)F(u,v) \tag{8.7}$$

ここに，式(8.6)の $h(x,y)$ は二次元インパルス応答である．これは (x,y) の原点のみに強い値をもつ信号（二次元インパルス）が入力されたときに出力がどのように広がるかを示しており，**点拡がり関数**（point spread function），略して **PSF** と呼ばれている．

一方，式(8.7)の $H(u,v)$ は，二次元システムの空間周波数上の伝達関数である．これは光学システムでは，**光学的伝達関数**（optical transfer function），略して **OTF** と呼ばれている．

8.3 モアレと変調

1. モアレ

2枚の規則的な模様をもつ画像を重ねると，まったく別のパターンが見えることがある．

例えば，縞模様の画像aと，これを少しだけ回転した画像bを重ね合わせると，**図 8.6** のようなパターンが観測される．これは**モアレ**（moiré）と呼ばれている現象である．

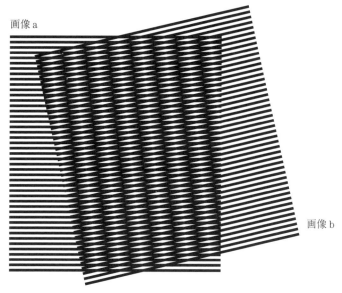

図 8.6 モアレの例

2. 変　調

　画像の重ね合わせは，光学的には2枚の画像の強度の積をとることに相当している。これは5.2節で述べた変調操作にほかならない。

　変調によって，例えば正弦波との積をとると，もともとの信号のスペクトルは正弦波信号の周波数だけ移動する。これを二次元信号にあてはめると次のようになる。

　図 8.7（a）の a–a' に位置する空間周波数をもつ二次元正弦波信号 A に，b–b' に位置する空間周波数をもつ二次元正弦波信号 B を掛け合わせてみよう。すると，A のスペクトルは B に相当する空間周波数だけ移動して，図（b）のようになる。

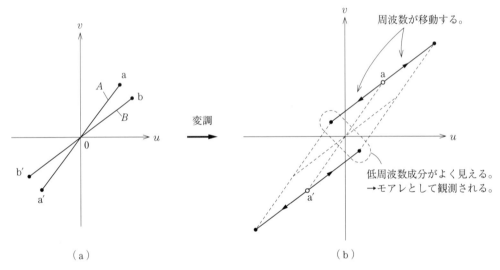

図 8.7　近接した二つの正弦波とそのモアレのスペクトル

　この図の例のように，掛け合わせる二つの空間周波数が近いときは，結果は図のように高い空間周波数成分と低い空間周波数成分をもつようになる。このうち人間の目は低い空間周波数成分に対して感度がいいから，結局これがモアレとして観測されているのである。

8.4 走査と標本化

テレビでは，二次元画像の**図 8.8**（a）のような**走査**（scanning）が行われる。また，それをディジタル化するときは，画面上のとびとびの点だけの値を抽出する図（b）のような**二次元標本化**（two-dimensional sampling）が行われる。

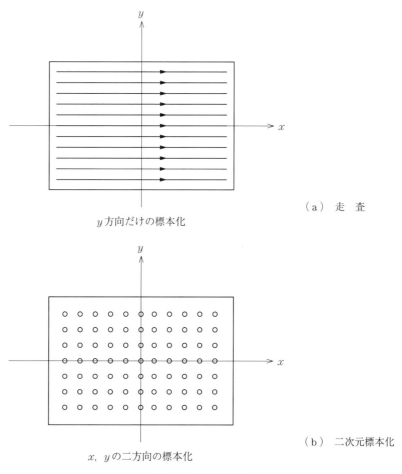

(a) 走査
y 方向だけの標本化

(b) 二次元標本化
x, y の二方向の標本化

図 8.8 走査と標本化

1. 走 査

図 8.8（a）の走査は，y 軸方向だけの標本化操作とみなされるから，走査された二次元信号のスペクトルは，**図 8.9**（a）のように v 軸上に周期的に並べたものとなる。5.4 節で述べた標本化定理が教えるように，この周期的に並んだスペクトルに重なりが生じていなけ

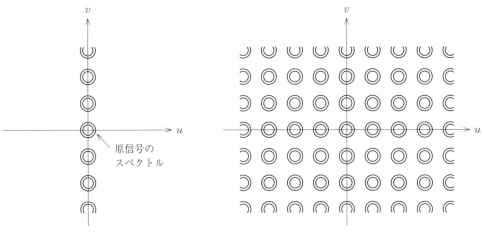

(a) 走査された信号のスペクトル　　　（b） 二次元標本化された信号のスペクトル

図 8.9　走査・標本化された信号のスペクトル

れば，走査を行っても，元の二次元信号を完全に復元できる。

2. 二次元標本化

二次元標本化では，y 軸方向だけでなく x 軸方向にも標本化が行われている。代表的な二次元標本化は，図 8.8（b）のような方形格子による標本化である。そのスペクトルは，u 軸方向にも周期性をもち，結果は (u, v) 平面でも，図 8.9（b）に示すように，格子状に配置されるようになる。

3. 二次元標本化定理

図 8.9（b）において，格子状に並んだスペクトルに重なりがなければ，標本化を行っても，元の二次元信号を完全に復元できる。すなわち，これを**二次元標本化定理**として示せば，次のようになる。

定理 8.1（二次元標本化定理）

二次元信号の二次元スペクトルが，(u, v) 平面で $|u|<W_x$, $|v|<W_y$ に制限されているとき，方形格子状に標本化したときの x 方向の標本間隔 Δx, y 方向の標本間隔 Δy を次式をみたすようにとれば，二次元標本化された信号から元の二次元信号を完全に復元できる。

$$\Delta x \leq \frac{1}{2W_x}, \qquad \Delta y \leq \frac{1}{2W_y} \tag{8.8}$$

4. 三角形格子による標本化

二次元標本化の標本点を**図 8.10**（a）のようにとったものを，三角形格子による標本化という。この空間周波数スペクトルは図（b）のようになる。この場合は，図（b）中に示す六角形の単位格子の内側に元の二次元信号のスペクトルが制限されていれば，元の信号が完全に復元できる。

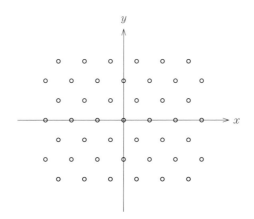

（a） 三角形格子による標本化

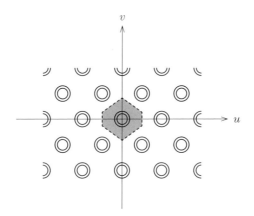

（b） 空間周波数スペクトル

図 8.10 三角形格子による標本化とそのスペクトル

122   8. 二次元信号とスペクトル

8.5 二次元離散フーリエ変換

$0 \leq n \leq N-1$, $0 \leq m \leq M-1$ の範囲の有限の区間のみで定義された二次元系列 $g(n, m)$ を考えよう。

1. 二次元離散フーリエ変換

$g(n, m)$ の二次元離散フーリエ変換と逆変換は，次のように定義される。

定義 8.1（二次元離散フーリエ変換と逆変換）

$$G(k, l) = \sum_{n=0}^{N-1} \sum_{m=0}^{M-1} g(n, m) W_N^{nk} W_M^{ml} \tag{8.9}$$

$$g(n, m) = \frac{1}{MN} \sum_{k=0}^{N-1} \sum_{l=0}^{M-1} G(k, l) W_N^{-nk} W_M^{-ml} \tag{8.10}$$

ここに，$W_N = e^{-j2\pi/N}$, $W_M = e^{-j2\pi/M}$

この二次元離散フーリエ変換の係数 $G(k, l)$ は，k と l に関してそれぞれ周期 N と周期 M をもつ。このことは，二次元離散フーリエ変換は，大きさ $N \times M$ の二次元配列 $g(n, m)$ から同じ大きさの二次元配列 $G(k, l)$ への変換であることを意味している。

2. 一次元離散フーリエ変換との関係

式 (8.9) を次のように変形してみると，二次元 DFT は通常の一次元 DFT の組合せに過ぎないことがわかる。

$$G(k, l) = \sum_{m=0}^{M-1} \left[\sum_{n=0}^{N-1} g(n, m) W_N^{nk} \right] W_M^{ml} \tag{8.11}$$

すなわち，まず式 (8.11) の［・］内を求め，その結果を

$$\tilde{G}(k, m) = \sum_{n=0}^{N-1} g(n, m) W_N^{nk} \qquad (m = 0, \ 1, \ \cdots, \ M-1) \tag{8.12}$$

とする。これは一次元の N 点 DFT を M 回適用することにより求められる。

次に

$$G(k, l) = \sum_{m=0}^{M-1} \tilde{G}(k, m) W_M^{ml} \qquad (k = 0, \ 1, \ \cdots, \ N-1) \tag{8.13}$$

を計算する．これは一次元の M 点 DFT を N 回適用することにより求められる．

3. 二次元高速フーリエ変換

以上述べたように，二次元 DFT は一次元 DFT の組合せに過ぎないから，そのそれぞれの一次元 DFT に一次元の高速フーリエ変換 FFT を適用すれば，二次元の FFT が実現される．

すなわち，$N \times M$ 点の二次元 FFT は，N 点一次元 FFT を M 回，M 点一次元 FFT を N 回計算すれば求められる．**図 8.11** はこのアルゴリズムを示したものである．この計算量（複素乗算回数）は，N と M がいずれも 2 のべきであるとき

$$M \times \frac{N}{2} \log_2 N + N \times \frac{M}{2} \log_2 M = \frac{NM}{2} \log_2 NM \tag{8.14}$$

で与えられる．二次元 DFT はそのまま直接計算すると，ほぼ $(N \times M)^2$ の複素乗算を必要とするから，大幅な演算量の節減となる．

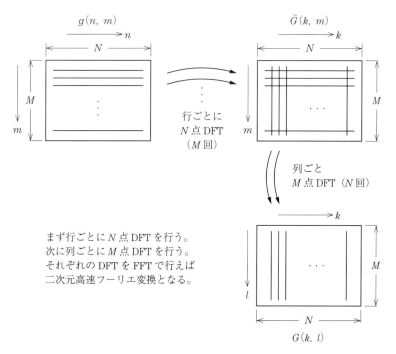

図 8.11 二次元高速フーリエ変換

理解度チェック

8.1 本章のまとめとして，次の問いに対してわかりやすく回答せよ。

（1） 二次元のフーリエ変換は，一次元のフーリエ変換の組合せで表現されていることを確認して，その基本信号となっている二次元正弦波信号がどのような信号であるか，その空間周波数がどのようなものであるかを説明せよ。

（2） 二次元の画像信号を扱う二次元光学システムは，点拡がり関数（PSF），光学的伝達関数（OTF）でその特性が特徴づけられている。それぞれ二次元信号解析の立場からどのようなものであるか説明せよ。

（3） 二次元離散フーリエ変換を計算する二次元高速フーリエ変換のアルゴリズムは独自のものがあるわけではなく，一次元の高速フーリエ変換（FFT）の組合せであることを確認せよ。

8.2 二次元フーリエ変換は，そのまま多次元にも拡張できる。例えば動画像 $g(x, y, t)$ のとき，その三次元フーリエ変換 $G(u, v, f)$ がどのような表現になるか示せ。

9

エピローグ

概　要

　ここではエピローグとして，まずは本書のまとめを行い，読者がこれまで学んできたことを振り返る手助けとする。また，信号解析の展開の方向を示して，今後の学びにつなげる。

126　9. エピローグ

9.1 この本のまとめ

　最後に本書で述べられていることの要点をまとめておこう。

　信号解析では，おもに線形システムの入出力関係を対象とする。線形システムには次のような」基本的な関係がある。(第1章)

　『「基本信号の線形合成」の応答は，「基本信号の応答」の線形合成に等しい。』

　したがって，基本信号の応答のみわかれば，その線形合成で表されるすべての信号の応答がわかる。すると検討すべき本質的な課題は次の三つとなる。(第1章)。

　・課題1：基本信号として何を選ぶか？

　・課題2：基本信号の応答の求め方は？

　・課題3：一般の信号を基本信号の線形合成で表現するには？

　課題1の基本信号としては，正弦波信号，特に複素正弦波信号が便利である。複素正弦波信号は線形システムの固有信号であり，出力は入力と同じ周波数の正弦波（振幅と位相のみ変化）となる。(第1章，第2章)

　課題2の基本信号の応答の求め方は，基本信号として複素正弦波信号を採用すると簡単である。それは，複素正弦波入力に対する出力応答は，入力を伝達関数倍すれば求まるからである。それは振幅特性と位相特性のみによって記述できる。(第1章，第2章)

　課題3の一般の信号を基本信号の線形合成で表現する手法がフーリエ解析と呼ばれているものである。信号が周期的であるときは，フーリエ級数展開によって，基本周波数（周期の逆数）の整数倍の周波数の正弦波の和に分解できる。それは周波数軸上で離散スペクトルとなる。非周期的であるときは，フーリエ変換によって，連続的な周波数の正弦波の和（積分）として分解できる。それは連続スペクトルとなる。δ関数を導入すれば，両者の統一的な扱いが可能となる。(第3章，第4章)

　フーリエ級数展開とフーリエ変換は数学的にもさまざまな重要な性質がある。すなわち実数値をとる信号の性質，パーセバルの等式，時間幅と周波数幅の関係，そしてたたみこみ定理…。これらは信号解析においても基本となるものである。(第4章)

　なお，課題1の基本信号としてインパルス信号を採用することもできる。線形システムにインパルス信号を入力したときの出力はインパルス応答と呼ばれ，それは伝達関数のフーリエ逆変換になっている。線形システムの入出力特性は，インパルス応答と入力信号のたたみこみ積分で記述できる。(第1章，第4章)

　本書の後半では，連続時間信号を時間的に離散化した離散時間信号を扱っている。連続時

間信号から離散時間信号に変換する操作は標本化と呼ばれ，ある条件をみたせば，標本化された離散時間信号から元の連続時間信号を完全に復元できる。それは標本化定理と呼ばれている。（第5章）

連続時間信号，離散時間信号とそのスペクトルには，次のような関係がある。（第5章）

周期的連続時間信号	⇔	非周期的離散スペクトル（フーリエ級数展開に対応）
非周期的連続時間信号	⇔	非周期的連続スペクトル（フーリエ変換に対応）
非周期的離散時間信号	⇔	周期的連続スペクトル（標本化操作に対応）
周期的離散時間信号	⇔	周期的離散スペクトル（離散フーリエ級数展開に対応）

離散時間信号を対象としてフーリエ変換を離散化することにより離散フーリエ変換（DFT）が定義される。これは有限個の離散時間データから有限個の周波数スペクトルデータへの変換であるが，それぞれを1周期として周期系列にすると，数学的には離散フーリエ級数展開と同じものになる。離散フーリエ変換の高速計算法として高速フーリエ変換（FFT）が知られている。（第6章）

離散時間線形システムに離散時間信号を入力したときの応答は，離散たたみこみによって求められる。その際，z 変換が重要な役割を果たす。離散時間線形システムの入出力関係は，z 領域の伝達関数で与えられる。それは z^{-1} の有理関数になっており，これから離散時間線形システムの具体的な回路構成が求められる。（第7章）

本書の時間信号を対象とした一次元信号解析は，そのまま画像信号などの二次元信号に拡張される。すなわち，二次元フーリエ変換，二次元伝達関数，二次元標本化，二次元DFTなどが定義される。（第8章）

いかがであろうか。ここで述べたことを素直に理解できれば，読者は信号解析の基礎をそれなりにマスターしたことになる。逆に，そうでない場合は，もう一度該当するページを読み直してほしい。冒頭にあげた本書の構成の図も参考になるであろう。

9.2 信号解析の展開

　次に読者が学ぶべき内容は何であろうか。もちろん，ここで学んだ内容をより深く専門書で学んでもいい。本書では，物理的なイメージを重視したので，数学的な厳密性は妥協せざるを得なかった。また本書では，信号解析の大樹の，いわば幹に相当するところを中心に解説したので，枝葉（それはそれで美しい花を咲かせている）はかなり省略してしまった。例えばフーリエ変換を拡張したウェーブレット変換，DFT を信号解析に適用するときの窓関数の理論などがある。

　信号解析の応用を目指してもいい。その応用は多岐にわたっている。すなわち，音声解析，画像解析，脳波などの生体信号の解析，地震波などの自然現象の解析，そしてさまざまな分野での信号処理システムの設計…。例えば本書の第 7 章で述べた離散時間システムの理論は，それぞれの分野でのディジタルフィルタ設計の基礎となっている。

　いまや信号解析はコンピュータで行うようになっており，その具体的なプログラミングの習得に進んでもいい。そのときは，例えば第 6 章で学んだ高速フーリエ変換が重要な役割を果たすことになろう。

　本書の最初に，信号には確定信号と不規則信号があることを述べた。本書で対象としたのは確定信号のみである。一方で，自然界から観測される信号は，多かれ少なかれ確率的に変動する不規則信号である。不規則信号を扱うには，本書で述べたことを基礎としながらも，それだけでは当然ながら不十分である。

　そのためには，まずは確率論が必要になる。そして信号を統計的に扱うための特別な手法が要請される。基本的なキーワードを並べれば，不規則信号を特徴づけるための定常信号・非定常信号，エルゴード信号などの概念，信号解析の基本手法としての相関関数，電力スペクトル密度などがある。そして，雑音処理などの具体的に統計的なフィルタ処理を行うウィーナーフィルタ，カルマンフィルタの考え方などがある。これに加えて線形予測理論に基づく信号処理も美しい体系をなしている。適応信号処理や非線形信号処理，さらにはニューラルネットワークを用いた学習も面白い話題を提供している。

　本書で力をつけた諸君は，これから果敢に信号解析の大海へ向けて船出してほしい。

付　　　　録

A.1　フーリエ変換の定義について

フーリエ変換と逆変換には，異なった定義があるので注意を要する。

本書で定義されたフーリエ変換と逆変換は，角周波数 ω を用いて

$$X(j\omega) = \int_{-\infty}^{\infty} x(t) e^{-j\omega t} dt \tag{A1.1}$$

$$x(t) = \frac{1}{2\pi} \int_{-\infty}^{\infty} X(j\omega) e^{j\omega t} d\omega \tag{A1.2}$$

と定義された。これでは変換と逆変換で係数に対称性がないので，これとは別にフーリエ変換と逆変換を次のように定義する流儀もある。

$$\mathscr{X}(j\omega) = \frac{1}{\sqrt{2\pi}} \int_{-\infty}^{\infty} x(t) e^{-j\omega t} dt \tag{A1.3}$$

$$x(t) = \frac{1}{\sqrt{2\pi}} \int_{-\infty}^{\infty} \mathscr{X}(j\omega) e^{j\omega t} d\omega \tag{A1.4}$$

ここに，この新たな定義 $\mathscr{X}(j\omega)$ と本書の定義 $X(j\omega)$ の間には次の関係がある。

$$\mathscr{X}(j\omega) = \frac{1}{\sqrt{2\pi}} X(j\omega) \tag{A1.5}$$

フーリエ変換を扱った数学書では，ω で表現された変換式の対称性を保つために，式 (A1.3) の $\mathscr{X}(j\omega)$ で定義することが少なくない。それに対して信号解析の分野では，式(A1.1)の $X(j\omega)$ で定義する。それは，変数を角周波数 ω ではなく，周波数 f に変換したときに，次に示すように対称性がよくなるからである。

$$X(f) = \int_{-\infty}^{\infty} x(t) e^{-j2\pi ft} dt \tag{A1.6}$$

$$x(t) = \int_{-\infty}^{\infty} X(f) e^{j2\pi ft} df \tag{A1.7}$$

いずれにせよ，フーリエ変換を扱うときは，このどちらの定義を採用しているかを確認する必要がある。

A.2 ラプラス変換

電気回路や制御工学の分野ではラプラス変換もよく使われる。これは連続時間システムの特性を解析するときに，特に有効な手法である。

1. ラプラス変換の定義

ラプラス変換は次のように定義される。

定義 A2.1（ラプラス変換）

$t \geqq 0$ で定義される連続時間信号 $x(t)$ に対して

$$X(s) = \int_0^\infty x(t) e^{-st} dt \tag{A2.1}$$

で定義される $X(s)$ を，$x(t)$ の**ラプラス変換** (Laplace transform) という。

ここに，s は実部が α，虚部が $j\omega$ の複素数，すなわち $s = \alpha + j\omega$ である。

このラプラス変換は，形の上ではフーリエ変換の $j\omega$ を一般的な複素数 s として，積分範囲を $0 \sim \infty$ に限定したものに相当している。実際，後で述べるように，両者は密接な関係にある。

2. ラプラス変換の例

基本的な信号のラプラス変換の例を示す。

例1 ステップ信号（単位段関数）

$$u_1(t) = \begin{cases} 0 & (t<0) \\ \dfrac{1}{2} & (t=0) \\ 1 & (t>0) \end{cases} \tag{A2.2}$$

で定義されるステップ信号（**図 A.1**）のラプラス変換は次のようにして求められる。

$$X(s) = \int_0^\infty e^{-st} dt = \left[-\frac{1}{s} e^{-st} \right]_0^\infty = \frac{1}{s} \tag{A2.3}$$

ただし，$Re(s) > 0$ を仮定している。

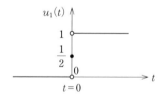

図 A.1 ステップ信号（単位段関数）

例 2 指数的に変化する信号（指数関数）　$e^{\alpha t}\,(t>0)$

$$X(s) = \int_0^\infty e^{\alpha t} e^{-st}\,dt = \int_0^\infty e^{-(s-\alpha)t}\,dt = \frac{1}{s-\alpha} \qquad (Re(s)>\alpha) \tag{A2.4}$$

例 3 正弦波（三角関数）　$\sin \omega t,\ \cos \omega t \quad (t>0)$

$$X(s) = \int_0^\infty (\sin \omega t)\, e^{-st}\,dt = \frac{\omega}{s^2+\omega^2} \qquad (Re(s)>0) \tag{A2.5}$$

$$X(s) = \int_0^\infty (\cos \omega t)\, e^{-st}\,dt = \frac{s}{s^2+\omega^2} \qquad (Re(s)>0) \tag{A2.6}$$

例 4 減衰振動　$e^{\alpha t}\sin \omega t,\ e^{\alpha t}\cos \omega t \quad (t>0)$

$$X(s) = \int_0^\infty (e^{\alpha t}\sin \omega t)\, e^{-st}\,dt = \frac{\omega}{(s-\alpha)^2+\omega^2} \qquad (Re(s)>\alpha) \tag{A2.7}$$

$$X(s) = \int_0^\infty (e^{\alpha t}\cos \omega t)\, e^{-st}\,dt = \frac{s-\alpha}{(s-\alpha)^2+\omega^2} \qquad (Re(s)>\alpha) \tag{A2.8}$$

表 A.1 は，これらも含めて基本的な関数のラプラス変換をまとめたものである。

表 A.1　基本的な関数のラプラス変換

	時間関数	ラプラス変換
単位インパルス	$\delta(t)$	1
単位段関数	$u_1(t)$	$\dfrac{1}{s}$
指数関数	$e^{\alpha t}$	$\dfrac{1}{s-\alpha}$
三角関数	$\sin \omega t$	$\dfrac{\omega}{s^2+\omega^2}$
	$\cos \omega t$	$\dfrac{s}{s^2+\omega^2}$
減衰振動	$e^{\alpha t}\sin \omega t$	$\dfrac{\omega}{(s-\alpha)^2+\omega^2}$
	$e^{\alpha t}\cos \omega t$	$\dfrac{s-\alpha}{(s-\alpha)^2+\omega^2}$
t の n 乗	t^n	$\dfrac{n!}{s^{n+1}}$
t^n と指数関数の積	$t^n e^{\alpha t}$	$\dfrac{n!}{(s-\alpha)^{n+1}}$

注）　時間関数は $t \geqq 0$ で定義されているものとする。

3.　ラプラス変換の基本定理

　ラプラス変換においてもフーリエ変換と同様な性質がある。これを**表 A.2** にまとめて示す。このうち次に述べるたたみこみ定理は，線形システムの応答を解析するうえで本質的な役割を果たしている。

表 A.2 ラプラス変換の性質

	時間領域	s 領域
線形性	$ax_1(t) + bx_2(t)$	$aX_1(s) + bX_2(s)$
たたみこみ	$\int_0^t h(\tau)x(t-\tau)d\tau$	$H(s) \cdot X(s)$
微分	$\dfrac{dx(t)}{dt}$	$sX(s) - x(0_+)$
	$tx(t)$	$\dfrac{-dX(s)}{ds}$
積分	$\int_0^t x(\tau)d\tau$	$\dfrac{X(s)}{s}$
	$\dfrac{x(t)}{t}$	$\int_S^\infty X(s)ds$
推移定理	$x(t-\tau)\,u_1(t-\tau)$	$X(s)e^{-s\tau}$
	$e^{\alpha t}x(t)$	$X(s-\alpha)$
相似性	$x(at)\quad (a>0)$	$\dfrac{1}{a}X\left(\dfrac{s}{a}\right)$
初期値定理	$\lim_{t\to 0_+} x(t) = \lim_{s\to\infty} sX(s)$	
最終値定理	$\lim_{t\to\infty} x(t) = \lim_{s\to 0} sX(s)$	

定理 A2.1（ラプラス変換におけるたたみこみ定理）

$t \geqq 0$ で定義される連続時間信号 $x(t)$ と $h(t)$ が与えられたとき，たたみこみ積分

$$y(t) = \int_0^\infty h(\tau)\,x(t-\tau)d\tau \tag{A2.9}$$

で定義される $y(t)$ のラプラス変換 $Y(s)$ は，$x(t)$ と $h(t)$ それぞれのラプラス変換 $X(s)$，$H(s)$ の積である。すなわち

$$Y(s) = H(s)\,X(s) \tag{A2.10}$$

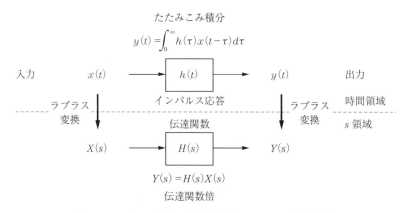

図 A.2 ラプラス変換における線形システムの入出力関係

このたたみこみ定理は，図 **A.2** に示すように線形システムにおける入出力の関係を示している。すなわち，$x(t)$ をシステムの入力信号，$h(t)$ をシステムのインパルス応答，$y(t)$ を出力信号とすると，それらのラプラス変換の間には，式(A2.10)の関係が成り立つ．ここに，インパルス応答 $h(t)$ のラプラス変換 $H(s)$ は，システムの（s 領域の）伝達関数に相当するものである．

4. s 平面とシステムの応答

ここで伝達関数 $H(s)$ が次のような有理関数（多項式の比）の形をしているときの，システムの時間領域での応答を調べてみよう．

$$H(s)=\frac{P(s)}{Q(s)}=\frac{b_m s^m+b_{m-1}s^{m-1}+\cdots+b_1 s+b_0}{a_n s^n+a_{n-1}s^{n-1}+\cdots+a_1 s+a_0} \tag{A2.11}$$

ただし，a_i，b_j は実数

この伝達関数 $H(s)$ をラプラス逆変換すれば，システムのインパルス応答 $h(t)$ が得られる．$H(s)$ が有理関数のときは次のようにして求められる．すなわち，式(A2.11)の有理関数は分母と分子が多項式であるから，それぞれを因数分解できて

$$H(s)=\frac{P(s)}{Q(s)}=H\frac{(s-s_{01})(s-s_{02})\cdots(s-s_{0m})}{(s-s_{p1})(s-s_{p2})\cdots(s-s_{pn})} \tag{A2.12}$$

ただし，$H=\dfrac{b_m}{a_n}$

となる．

ここに分母 $Q(s)=0$ の根 s_{pi} は $H(s)$ の極（pole），分子 $P(s)=0$ の根 s_{0j} は $H(s)$ の零点（zero）と呼ばれる．極と零点がそれぞれ r 重の多重根のときは，それぞれ r 位の極，零点となる．

式(A2.12)で示されているように，有理関数である伝達関数 $H(s)$ の形は，極と零点がどのような値であるかによって定まっている．この値は一般には複素数になるから，それぞれを複素平面（s 平面という）に配置して示したのが**図 A.3** である．

ここで特に重要なのが極の配置である．それは式(A2.12)で表される有理関数は，部分分数分解という手法によって，$H(s)$ のそれぞれの極に対応する項の和の形で表現されるからである．例えば

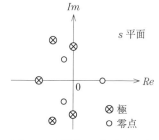

図 **A.3** s 平面における極と零点

$$H(s)=\frac{s+2}{s^2+4s+3}=\frac{1}{2}\cdot\frac{1}{s+1}+\frac{1}{2}\cdot\frac{1}{s+3}$$

この場合は，極がいずれも実数であるから，右辺のそれぞれの項をラプラス逆変換すると，次のようになる（前節の式(A2.4)参照）．

$$h(t)=\frac{1}{2}e^{-t}+\frac{1}{2}e^{-3t} \qquad (t>0)$$

すなわち，インパルス応答は二つの減衰指数応答の和である．

次の例は極が複素数になる場合である．

$$H(s)=\frac{1}{s^2+4s+5}=\frac{1}{(s+2)^2+1}=\frac{1}{2j}\left[\frac{1}{s+2-j}-\frac{1}{s+2+j}\right]$$

これはたがいに複素共役な二つの極 $s_1=-2+j$, $s_2=-2-j$ をもつ。したがって

$$h(t)=\frac{1}{2j}[e^{-(2-j)t}-e^{-(2+j)t}]=e^{-2t}\frac{1}{2j}[e^{jt}-e^{jt}]=e^{-2t}\sin\omega t$$

これらの例が示すように，システムの伝達関数 $H(s)$ が有理関数のときは，部分分数分解によって，一般に

$$H(s)=\sum_j [H(s)\text{の極に対応する項}] \tag{A2.13}$$

と表される。したがって，右辺のそれぞれの項をラプラス逆変換してその極に対応する時間応答を求めると，インパルス応答 $h(t)$ 全体は次のように表現される。

$$h(t)=\sum_j [H(s)\text{の極に対応する時間応答}] \tag{A2.14}$$

ここで重要なのは，式(A2.14)の時間応答の形が，s 平面における極の配置によって推測できることである。図 **A.4** はそれぞれの極が 1 位（単根）の場合について，極の配置とその応答がどのような関係にあるかを模式的に示したものである（極が r 位（多重根）の場合はやや複雑になるのでここでは省略する）。

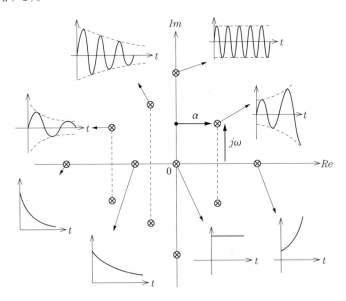

図 A.4 極の配置と応答

（1）極が原点にあるとき：
  先の例 1 で示したように，$1/s$ のラプラス逆変換は段関数（ステップ応答）となる。
（2）極が実軸上にあるとき：
  これに相当する応答は指数関数になり，極が正のときは増大し，負のときは減衰する。
（3）極が虚軸上にあるとき：
  もともとの有理関数 $H(s)$ の分母多項式の係数が実数のときは，$s=j\omega$ が極になるときは必らず $s=-j\omega$ も極になり，この二つの極の応答を合わせると正弦波になる。
（4）極が一般の複素数のとき：
  このときは，$s=\alpha+j\omega$ が極になるときは必ず複素共役な $s=\alpha-j\omega$ も極になり，この二つの極

の応答を合わせると指数的に増大あるいは減衰する正弦波となる。このとき虚部の ω は正弦波の角周波数，実部の α はその正弦波の包絡線の増大あるいは減少の度合いを示している。

　この極の配置によって，システムの安定性，すなわちインパルス応答が時間とともに発散するか収束するかが議論できる。図 A.4 にあるように極が s 平面の右半面にあるときは，その応答は時間的に増大してシステムは不安定になる。これに対して，すべての極が左半面内にあるときは，そのシステムは安定である。

　ラプラス変換は，このようにシステムの応答を議論するときに有力な手法であるが，数学的には微分方程式の解法として威力を発揮する（詳細は，例えば拙書，原島，堀「工学基礎 ラプラス変換と z 変換」，数理工学社，2004 を参照）。

　最後に，このラプラス変換と，本書の本文で述べたフーリエ変換，z 変換との関係について簡単に触れておこう。

5.　ラプラス変換とフーリエ変換の関係

ラプラス変換とフーリエ変換はどのような関係にあるのだろうか。

　式(A2.1)のラプラス変換は，$t \geqq 0$ だけで値をもつ関数を扱っているので，片側ラプラス変換と呼ばれる。電気回路や制御工学の分野でのラプラス変換はほとんどがこの片側ラプラス変換である。

　これに対して，$-\infty < t < \infty$ で値をもつ関数を対象として

$$X(s) = \int_{-\infty}^{\infty} x(t)e^{-st}\, dt \tag{A2.15}$$

でラプラス変換を定義することもある。これは両側ラプラス変換と呼ばれている。これは積分範囲が $-\infty < t < \infty$ なので無限積分の収束が厳しく制限されるけれども，もしこの式で $s = j\omega$ とおいたときに収束するならば，式(A2.15)はフーリエ変換の定義式と一致する。

　すなわちフーリエ変換は，無限積分の収束を前提として，両側ラプラス変換において $s = j\omega$ とおいたものに等しい。

6.　ラプラス変換と z 変換の関係

本書の後半で離散時間システムに関連して，z 変換を次式で定義した。

$$X(z) = \sum_{n=0}^{\infty} x(n)z^{-n} \tag{A2.16}$$

一方，式(A2.1)のラプラス変換に標本間隔が T_0 の離散時間信号

$$x(t) = \sum_{n=0}^{\infty} x(nT_0)\delta(t - nT_0) \tag{A2.17}$$

を代入すると

$$X(s) = \int_0^{\infty} \sum_{n=0}^{\infty} x(nT_0)\delta(t - nT_0)e^{-st}\, dt = \sum_{n=0}^{\infty} x(nT_0) \int_0^{\infty} \delta(t - nT_0)e^{-st}\, dt$$

$$= \sum_{n=0}^{\infty} x(nT_0)e^{-snT_0} \tag{A2.18}$$

を得る。これは $z = e^{-sT_0}$，$x(nT_0) = x(n)$ とおくと，式(A2.16)の z 変換と一致する。すなわち，z 変換は，離散時間信号をラプラス変換して $z = e^{-sT_0}$ とおいたものに相当している。

理解度チェックの解説

第1章

1.1 （以下は解答というよりも，そのヒントとなる解説である）

（1） 自然界や人工的なシステムには，線形システムあるいはそれで近似できるシステムが多く，その線形システムと正弦波信号の相性がいいからである。逆にいえば，非線形システムの解析には必ずしも正弦波信号は適さない。

　　線形システムに正弦波信号を入力したときの応答は簡単に記述される。正弦波信号を入力すると出力も同じ周波数の正弦波となる。変化するのはその振幅と位相だけではあるから，線形システムの正弦波応答は，その振幅伝達特性と位相伝達特性を周波数の関数（これを伝達関数と呼ぶ）として表示するだけで記述される。

　　一般の信号は正弦波信号の線形合成で表現できる。この信号を線形システムに入力すると，出力はそれぞれの正弦波信号の応答を線形合成したものになる。このことは正弦波信号の応答のみがわかっていれば，一般の信号に対する応答が求められることを意味している。

　　正弦波信号にはこのような性質があるので，線形システムを対象とした信号解析によく使われるのである。このほかにも，正弦波は発生しやすいという特徴もある。正弦波は回転する円運動の一つの方向への投影であるから，例えば発電機はこの原理を使って交流信号を発生している。

（2） インパルス信号も線形システムと相性がいい。線形システムにインパルス信号を入力したときの応答（これをインパルス応答と呼ぶ）がわかっていれば，一般の信号に対する応答は，その信号とインパルス応答のたたみこみ積分によって求められる。

（3） 入力がいくつかの基準信号の線形合成で表されるときに，システムの応答がそれぞれの基準信号の応答の同じ線形合成で表されるときに，そのシステムは線形であるといわれる。したがって基準信号の応答だけがわかっていればシステムの特性を記述できるので，線形システムは数学的に扱いやすくなる。具体的には，基準信号として正弦波信号を採用するときはシステムの伝達関数，インパルス信号を採用するときはインパルス応答がわかっていればよい（第4章で学ぶように，この両者には数学的にも密接な関係がある）。

1.2

（1） 形式的に，式(1.5)に対して加法定理を適用すれば求まる。

（2） 微分：$y(t) = \dfrac{d}{dt} \sum_k a_k x_k(t) = \sum_k a_k \dfrac{d}{dt} x_k(t)$

　　　積分：$y(t) = \displaystyle\int^t \sum_k a_k x_k(t)\,dt = \sum_k a_k \int^t x_k(t)\,dt$

　　　加減算：$y(t) = \phi_1\Big[\sum_k a_k x_k(t)\Big] + \phi_2\Big[\sum_k a_k x_k(t)\Big]$

$$= \sum_k a_k \phi_1[x_k(t)] + \sum_k a_k \phi_2[x_k(t)] = \sum_k a_k \{\phi_1[x_k(t)] + \phi_2[x_k(t)]\}$$

（3）　$\displaystyle\int_{-\infty}^{\infty}\delta(t-t_0)x(t)dt=\int_{t_0-\varepsilon}^{t_0+\varepsilon}\delta(t-t_0)x(t)dt$

　　$\varepsilon\to0$ とすると，$x(t)$ が $t=t_0$ で連続であるから

$$=x(t_0)\int_{t_0-\varepsilon}^{t_0+\varepsilon}\delta(t-t_0)dt=x(t_0)$$

　　ここに，式(1.16)を用いている。

1.3　式(1.26)の右辺に，式(1.25)を代入すると，直交性により，式(1.25)の $\sin n\omega_0 t$ の総和すべて，ならびに $\cos n\omega_0 t$ の総和の n 項目以外はすべてゼロになって，係数 a_n だけが残る。同様にして，式(1.27)の右辺に式(1.25)を代入すると，直交性により，式(1.25)の $\cos n\omega_0 t$ の総和すべて，ならびに $\sin n\omega_0 t$ の総和の n 項目以外はすべてゼロとなって，係数 b_n だけが残る。

1.4　$x(t)=h(t)=e^{-t}$　　　$(t>0)$

出力 $\displaystyle y(t)=\int_0^{\infty}h(\tau)x(t-\tau)d\tau$ は，$t>0$ のとき

$$y(t)=\int_0^t e^{-\tau}e^{-(t-\tau)}d\tau=e^{-t}\int_0^t dt=te^{-t}$$

$t<0$ のときは，$\tau>0$ に対して $x(t-\tau)=h(t-\tau)=0$ となるから

　　$y(t)=0$

よって

$$y(t)=\begin{cases} te^{-t} & (t>0)\\ 0 & (t<0)\end{cases}$$

第2章

2.1　（以下は解答というよりも，そのヒントとなる解説である）

（1）　例えば，次のような利点がある。

　　　　実数の正弦波信号 $A\cos(\omega t+\theta)$ には，位相項 θ が cos 関数の中に変数として含まれているので，そのままでは扱いにくい。これに対して複素正弦波信号では，信号が

$$x(t)=Ae^{j(\omega t+\theta)}=Ae^{j\theta}\cdot e^{j\omega t}$$

と表現できて，位相項が時間信号 $e^{j\omega t}$ とは分離された信号の複素振幅に含まれている。

　　　信号解析では，振幅と位相だけが違う同じ周波数の二つの正弦波信号を比較するために，両者の比を計算することが多い。複素正弦波信号では，時間信号 $e^{j\omega t}$ が分離されているので，両者の比はそれぞれの複素振幅だけの比となる。実数の正弦波にはこのような便利な性質はなく，比は複雑な形となる。

　　　信号の数学的な扱いも複素正弦波信号を用いたほうが，表現が簡潔になる。例えば第1章の最後で述べたフーリエ級数展開では，一般の信号を sin 信号と cos 信号の二つの信号に分解する必要があった。これに対して複素正弦波信号を用いると，その信号だけの組合せで信号を表現できて，記述がはるかに簡単になる（第3章参照）。もちろん数学的な扱いも簡単になる。

　　　もし信号解析を，すべて実数の範囲で扱おうとすると，それは極めて難解なものになるであろう。複素数を導入することによって，数学的な構造はるかに簡単になる。そのこともあって，信号解析の専門家は，複素正弦波信号のほうが重要で，それをたまたま実数の世界に投影したものが実数の正弦波信号であると考えている。一方向に投影されたものだけを眺

めていても本質はわからない。信号の本質は複素数の空間に隠されているのである。

（2） 複素正弦波信号の実体は，複素平面における原点を中心とした円運動である。円運動の回転方向は正と負の二通りある。このうちの正の方向の回転の速さが複素正弦波信号の正の周波数に対応し，逆方向の負の回転の速さが負の周波数に対応している。

このように負の周波数は複素正弦波信号を円運動とみなしたときに登場する概念であるので，実数の正弦波信号の範囲でイメージがわかないのは当然である。

（3） （1）で述べたように，振幅と位相だけが違う同じ周波数の正弦波信号の比は，複素正弦波信号ではそれぞれの複素振幅の比となり，簡潔な表現となる。実数の正弦波ではそうはならない。線形システムの入出力特性は，入力正弦波信号と出力正弦波信号の比として定義されるので，複素正弦波信号のこのような性質は重要である。このありがたさは，第4章で実感することになろう。

2.2

（1） 微分：$\dfrac{d}{d\phi}e^{ja\phi} = \dfrac{d}{d\phi}(\cos a\phi + j\sin a\phi) = -a\sin a\phi + ja\cos a\phi$

$$= ja(\cos a\phi + j\sin a\phi) = jae^{ja\phi}$$

分解：$e^{j(\phi_1+\phi_2)} = \cos(\phi_1+\phi_2) + j\sin(\phi_1+\phi_2)$

加法定理を用いると

$$= (\cos\phi_1\cos\phi_2 - \sin\phi_1\sin\phi_2) + j(\sin\phi_1\cos\phi_2 + \cos\phi_1\sin\phi_2)$$
$$= (\cos\phi_1 + j\sin\phi_1)(\cos\phi_2 + j\sin\phi_2)$$
$$= e^{j\phi_1}e^{j\phi_2}$$

（2） $A\cos(\omega t + \theta) = \dfrac{A}{2}\left[e^{j(\omega t+\theta)} + e^{-j(\omega t+\theta)}\right]$

$$= \dfrac{A}{2}e^{j\theta}e^{j\omega t} + \dfrac{A}{2}e^{-j\theta}e^{-j\omega t}$$

2.3 $x(t) = \cos\omega_0 t = \dfrac{1}{2}(e^{j\omega_0 t} + e^{-j\omega_0 t})$

線形システムに複素正弦波信号を入力したときの応答は伝達関数倍となるから出力は

$$y(t) = H(j\omega_0)\dfrac{1}{2}e^{j\omega_0 t} + H(-j\omega_0)\dfrac{1}{2}e^{-j\omega_0 t}$$

$$= e^{-j\theta_0}\dfrac{1}{2}e^{j\omega_0 t} + e^{j\theta_0}\dfrac{1}{2}e^{-j\omega_0 t}$$

$$= \dfrac{1}{2}\left[e^{j(\omega_0 t - \theta_0)} + e^{-j(\omega_0 t - \theta_0)}\right]$$

$$= \cos(\omega_0 t - \theta_0)$$

正弦波の位相が θ_0 だけ移動した出力となる。

第3章

3.1 （以下は解答というよりも，そのヒントとなる解説である）

（1） フーリエ級数展開では，一般の信号を周波数が整数倍の正弦波信号の和で表現する。その成分となる正弦波信号はそれぞれの周波数で位相が異なっている。その位相の違いを，実数の正弦波信号に基づくフーリエ級数展開では，正弦波信号を sin 信号と cos 信号に分解して

表現した。これに対して，複素正弦波信号に基づくフーリエ級数展開では，正弦波信号を正と負の周波数の複素正弦波信号に分解して表現する。

　このように基準となっている信号が，実数の場合は sin と cos の二つ，複素正弦波信号の場合はただ一つだけであるので，後者のほうが表現が簡潔になっているのである。ただし複素正弦波信号を用いた場合は負の周波数があるので，総和の範囲が正負両側になっていることに注意する必要がある。

（2）　フーリエ級数展開は，周期のある信号を，その周波数の整数倍の正弦波信号の和で表現する展開公式である。周期をもたない信号を対象としたときにこれに相当するのは，フーリエ逆変換である。フーリエ逆変換の公式は，連続的な周波数の複素正弦波信号の合成で信号が表現できることを示している。周波数が連続なので，和が積分になっている。

　周期信号をフーリエ級数展開したときの，それぞれの正弦波信号の係数は，信号と正弦波信号の内積を計算することにより求められる。これがフーリエ係数 α_n の計算公式である。周期をもたない信号の場合にこれに相当するのが，フーリエ変換公式である。そこで計算される $X(f)$ は，信号を展開したときに複素正弦波信号につく係数を意味している。

　このように周期信号のフーリエ級数展開公式とフーリエ係数計算公式は，それぞれ非周期信号のフーリエ逆変換公式とフーリエ変換公式に対応している。，数学的にフーリエ変換を定義するときは，フーリエ変換のほうに意味があって，逆変換はそれに付随した扱いになっているが，信号解析ではむしろフーリエ逆変換のほうに物理的な意味があるのである。

3.2　$x(t) = \dfrac{a_0}{2} + \sum\limits_{n=1}^{\infty} (a_n \cos n\omega_0 t + b_n \sin n\omega_0 t)$

$\qquad = \dfrac{a_0}{2} + \sum\limits_{n=1}^{\infty} \left[\dfrac{a_n}{2} (e^{jn\omega_0 t} + e^{-jn\omega_0 t}) + \dfrac{b_n}{2j} (e^{jn\omega_0 t} - e^{-jn\omega_0 t}) \right]$

$\qquad = \dfrac{a_0}{2} + \sum\limits_{n=1}^{\infty} \dfrac{1}{2} (a_n - jb_n) e^{jn\omega_0 t} + \sum\limits_{n=1}^{\infty} \dfrac{1}{2} (a_n + jb_n) e^{-jn\omega_0 t}$

$\qquad = \dfrac{a_0}{2} + \sum\limits_{n=1}^{\infty} \dfrac{1}{2} (a_n - jb_n) e^{jn\omega_0 t} + \sum\limits_{n=-\infty}^{-1} \dfrac{1}{2} (a_{-n} + jb_{-n}) e^{jn\omega_0 t}$

ここで $n \to -n$ のおきかえを行っている。したがって

$$\alpha_n = \begin{cases} \dfrac{1}{2}(a_n - jb_n) & (n > 0) \\[2mm] \dfrac{1}{2} a_0 & (n = 0) \\[2mm] \dfrac{1}{2}(a_{-n} + jb_{-n}) & (n < 0) \end{cases}$$

とおけば

$$x(t) = \sum\limits_{n=-\infty}^{\infty} \alpha_n e^{jn\omega_0 t}$$

となる。

3.3　$x(t) = \cos^2(\pi t / 2\tau_0) = \dfrac{1}{2} \left[1 + \cos(\pi t / \tau_0) \right]$

$\qquad = \dfrac{1}{2} \left[1 + \dfrac{1}{2} (e^{j\pi t / \tau_0} + e^{-j\pi t / \tau_0}) \right]$

であるから

$$X(f) = \int_{-\infty}^{\infty} x(t) e^{-j2\pi ft} dt$$

$$= \frac{1}{2} \int_{-\tau_0}^{\tau_0} e^{-j2\pi ft} dt + \frac{1}{4} \int_{-\tau_0}^{\tau_0} e^{-j2\pi(f-1/(2\tau_0))t} dt + \frac{1}{4} \int_{-\tau_0}^{\tau_0} e^{-j2\pi(f+1/(2\tau_0))t} dt$$

ここに，第1項の積分は，$-\tau_0 \sim \tau_0$ で値が1の方形波のフーリエ変数であるから，これを

$$X_0(f) = 2\tau_0 \cdot \frac{\sin 2\pi f \tau_0}{2\pi f \tau_0}$$

とおいて

$$X(f) = \frac{1}{2} X_0(f) + \frac{1}{4} X_0\left(f - \frac{1}{2\tau_0}\right) + \frac{1}{4} X_0\left(f + \frac{1}{2\tau_0}\right)$$

となる。これは，表 3.1 に示した形となる。

3.4 $\quad X(f) = \int_0^{\infty} e^{-\alpha t} e^{-j2\pi ft} dt + \int_{-\infty}^0 e^{\alpha t} e^{-j2\pi ft} dt$

$$= \int_0^{\infty} e^{-(\alpha + j2\pi f)t} dt + \int_{-\infty}^0 e^{(\alpha - j2\pi f)t} dt$$

$$= \frac{1}{-(\alpha + j2\pi f)} \left[e^{-(\alpha + j2\pi f)t} \right]_0^{\infty} + \frac{1}{\alpha - j2\pi f} \left[e^{(\alpha - j2\pi f)t} \right]_{-\infty}^0$$

$$= \frac{1}{\alpha + j2\pi f} + \frac{1}{\alpha - j2\pi f} = \frac{2\alpha}{\alpha^2 + (2\pi f)^2}$$

（このスペクトルの形は表 3.1 にある。）

3.5

（1）（正負対方形波のフーリエ変換）

$$X(f) = \int_{-\tau_0}^0 1 \cdot e^{-j2\pi ft} dt + \int_0^{\tau_0} (-1) e^{-j2\pi ft} dt$$

$$= \frac{1}{-j2\pi f} \left[e^{-j2\pi ft} \right]_{-\tau_0}^0 - \frac{1}{-j2\pi f} \left[e^{-j2\pi ft} \right]_0^{\tau_0}$$

$$= \frac{1}{-j2\pi f} \left(1 - e^{j2\pi f \tau_0} - e^{-j2\pi f \tau_0} + 1 \right)$$

$$= j\frac{1}{\pi f} \left(1 - \cos 2\pi f \tau_0 \right) = j\frac{2}{\pi f} (\sin \pi \tau_0 f)^2$$

（2）（三角波のフーリエ変換）

直接フーリエ変換を求めてもよいが，この三角波を微分すると（1）の正負対方形波になることに着目すれば，次のようにしても求められる。

$x(t)$ のフーリエ逆変換式の両辺を t で微分すると

$$y(t) = \frac{dx(t)}{dt} = \int_{-\infty}^{\infty} [j2\pi f X(f)] e^{j2\pi ft} df$$

であるから，微分波形 $y(t)$ のフーリエ変換は次式で与えられる。

$$Y(f) = j2\pi f X(f)$$

ここで，$X(f)$ を三角波のフーリエ変換，$Y(f)$ をその微分である正負対方形波のフーリエ変換と考えれば，$X(f)$ は

$$X(f) = \frac{1}{j2\pi f}\,Y(f) = \left(\frac{\sin \pi \tau_0 f}{\pi f}\right)^2 = \tau_0{}^2\left(\frac{\sin \pi \tau_0 f}{\pi \tau_0 f}\right)^2$$

（このスペクトルの形は表3.1にある。）

第4章

4.1 （以下は解答というよりも，そのヒントとなる解説である）

（1）周期信号は，その周期となる周波数があって，その整数倍のとびとびの周波数の正弦波信号によって構成されている。一方の非周期信号は，とびとびではなく連続的な周波数をもつ正弦波信号が含まれている。したがって，両者が含まれる信号のスペクトルを求めると，前者はとびとびの周波数だけに成分をもつ離散スペクトル，後者は一般的には連続スペクトルになる。

　本文でも述べたように，スペクトルを求める手法としてフーリエ変換を用いた場合は，周期波形は絶対可積分でなく，フーリエ変換の無限積分は収束しない。しかしここに（通常の関数としては存在しない）超関数としてのδ関数を用いると，離散スペクトルも含めた統一的な表現が可能になる。その結果スペクトルは，離散スペクトルはδ関数で，連続スペクトルは通常の関数で表現されることになる。

（2）4.2節を参照せよ。周波数軸上で正と負の同じ周波数スペクトルがたがいに複素共役になっていること，実数で偶関数である信号のスペクトル実数の偶関数となること，実数で奇関数である信号のスペクトルは純虚数の奇関数であること，一般の実数値をとる信号はこの組合せであることなどをいえばよい。

（3）各自確かめよ。フーリエ変換と逆変換はまったく同じではなく，虚数 j についている符号が違っている。そのことが双対性にどのように関係しているかも確かめよ。

（4）4.4節を参照せよ。フーリエ変換における数学的な定理あるいは関係式は，信号解析の立場からはそれぞれ物理的な意味がある。それをイメージしながら学んでほしい。

（5）線形システムの出力信号は，そのインパルス応答と入力信号のたたみこみ積分で与えられる。一方で，線形システムの入出力関係は，周波数軸上では伝達関数によって記述されている。このように線形システムは，時間軸上ではインパルス応答とのたたみこみ積分，周波数軸上では伝達関数によって特徴づけられている。

　この両者には数学的にきれいな関係があることを示したのがたたみこみ定理である。さらには，時間の関数としてのインパルス応答と周波数の関数としての伝達関数はたがいにフーリエ変換・逆変換の関係にある。それぞれ一方が与えられれば他方は容易に求められる。これは，線形システムを解析するときの時間軸上と周波数軸上の手法が，それぞれ別のものではなく，実は同じ操作であることを意味している。いわば同じ富士山を別方向から見ているのである。

4.2

（1）$\delta(t-\tau)$ をフーリエ変換の定義式に代入して，第1章の式(1.17)を適用すればよい。

（2）$\alpha_n = \dfrac{1}{T}\displaystyle\int_{-T/2}^{T/2} x(t)e^{-jn\omega_0 t}dt$ であるから

$$\alpha_{-n} = \frac{1}{T}\int_{-T/2}^{T/2} x(t)e^{jn\omega_0 t}dt$$

一方，α_n の複素共役は，$x(t)$ が実数のときは

$$\alpha_n{}^* = \frac{1}{T}\int_{-T/2}^{T/2} x(t)e^{jn\omega_0 t}dt$$

すなわち両者は等しい。

$X(f)$ についても，フーリエ変換の式を用いて同様にして $x(t)$ が実数値のときは

$$X(-f) = X^*(f)$$

であることを示すことができる。

（3） 線形性はフーリエ変換の定義から自明である。

時間軸の伸縮：$x(t) \to X(f)$ のとき $at = \tau$ とおくと，$a>0$ のとき

$$\int_{-\infty}^{\infty} x(at)e^{j2\pi ft}dt = \int_{-\infty}^{\infty} x(\tau)e^{-j2\pi\left(\frac{1}{a}f\right)\tau}\frac{1}{a}d\tau$$

$$= \frac{1}{a}X\left(\frac{1}{a}f\right)$$

$a<0$ のときは，積分の上下限が入れ替わるが，a の符号も負になるので，結局式(4.16)となる。

時間推移：$t - \tau = t'$ とおくと

$$\int_{-\infty}^{\infty} x(t-\tau)e^{-j2\pi ft}dt = \int_{-\infty}^{\infty} x(t')e^{-j2\pi(t'+\tau)}dt'$$

$$= e^{-j2\pi f\tau}\int_{-\infty}^{\infty} x(t')e^{-j2\pi ft'}dt' = e^{-j2\pi f\tau}X(f)$$

周波数推移：

$$\int_{-\infty}^{\infty} e^{j2\pi f_0 t}x(t)e^{-j2\pi ft}dt = \int_{-\infty}^{\infty} x(t)e^{-j2\pi(f-f_0)t}dt = X(f-f_0)$$

（4） フーリエ級数展開におけるパーセバルの等式（式(4.17)）の証明：

$$\frac{1}{T}\int_{-T/2}^{T/2}|x(t)|^2dt = \frac{1}{T}\int_{-T/2}^{T/2}x(t)x^*(t)\,dt$$

$$= \frac{1}{T}\int_{-T/2}^{T/2}\left[\sum_{n=-\infty}^{\infty}\alpha_n e^{jn\omega_0 t}\right]\left[\sum_{m=-\infty}^{\infty}\alpha_m{}^* e^{-jm\omega_0 t}\right]dt$$

$$= \sum_{n=-\infty}^{\infty}\sum_{m=-\infty}^{\infty}\alpha_n\alpha_m{}^*\frac{1}{T}\int_{-T/2}^{T/2}e^{j(n-m)\omega_0 t}dt = *$$

ここに

$$\frac{1}{T}\int_{-T/2}^{T/2}e^{j(n-m)\omega_0 t}dt = \begin{cases} 1 & (n=m) \\ 0 & (n \neq m) \end{cases}$$

であるから

$$* = \sum_{n=-\infty}^{\infty}\alpha_n\alpha_n{}^* = \sum_{n=-\infty}^{\infty}|\alpha_n|^2$$

フーリエ変換におけるパーセバルの等式（式(4.18)）の証明：

$$\int_{-\infty}^{\infty}|x(t)|^2dt = \int_{-\infty}^{\infty}x(t)x^*(t)dt$$

$$= \int_{-\infty}^{\infty}\left[\int_{-\infty}^{\infty}X(f)e^{-j2\pi ft}df\right]\left[\int_{-\infty}^{\infty}X^*(\lambda)e^{j2\pi\lambda t}d\lambda\right]dt$$

$$= \int_{-\infty}^{\infty} \int_{-\infty}^{\infty} X(f) X^*(\lambda) \left[\int_{-\infty}^{\infty} e^{j2\pi\lambda t} e^{-j2\pi f t} dt \right] df d\lambda = *$$

ここに

$$\int_{-\infty}^{\infty} e^{j2\pi\lambda t} e^{-j2\pi f t} dt = \delta(f - \lambda)$$

（これは直観的には周波数 λ の複素正弦波信号 $e^{j2\pi\lambda t}$ のフーリエ変換である）

であるから

$$* = \int_{-\infty}^{\infty} X(f) X^*(f) df = \int_{-\infty}^{\infty} |X(f)|^2 df$$

4.3 二つの波形のたたみこみ積分のフーリエ変換は，それぞれのフーリエ変換の積となるから

$$e^{-\frac{(2\pi\sigma_1)^2}{2} f^2} \cdot e^{-\frac{(2\pi\sigma_2)^2}{2} f^2} = e^{-\frac{(2\pi)^2}{2}(\sigma_1^2 + \sigma_2^2) f^2}$$

これは，パラメータ $\sigma_3^2 = \sigma_1^2 + \sigma_2^2$ をもつガウス波形となっていることを示している。

第 5 章

5.1 （以下は解答というよりも，そのヒントとなる解説である）

（1）　結論を先にいえば，信号を時間軸で標本化すると，周波数軸上でそのスペクトルは周期的になる。なぜそのようになるかは本文を参照せよ。これは次のような解釈が可能である。

　　本文での説明に従えば，標本化操作は信号と標本化インパルス列の積であるとみなされる。これは周波数軸上では，信号のスペクトルと標本化インパルス列のスペクトルのたたみこみになる（たたみこみ定理）。標本化インパルス列のスペクトルは，標本化周波数の整数倍のスペクトルしかもたないから，これも周波数軸上でインパルス列となる。このそれぞれの周波数軸上のインパルス（時間軸上の正弦波に対応）と信号のスペクトルをたたみこむと，信号のスペクトルの周波数軸上での移動が起こるから，結果として標本化された信号のスペクトルは，周波数軸上でそれが周期的に並ぶことになる。

　　フーリエ級数展開によれば，周期信号のスペクトルは周波数軸上でとびとびの離散的スペクトルになる。フーリエ解析の双対性によれば，この関係は時間と周波数を入れ替えても成立する。これは，時間軸上で離散的な信号のスペクトルは周波数軸上で周期的になることを意味している。

（2）　標本化定理は数学的にも証明できるが，本文では次のような直観的な説明を行った。（1）で述べたように，標本化することによってもともとの信号のスペクトルが周波数軸上で移動して周期的に並ぶ。もし，それがたがいに重なっていなければ，フィルタによってその 1 周期分，すなわちもともとのスペクトルだけを取り出して信号を復元することが可能である。そのスペクトルが重ならないための条件が，標本化周波数 f_s と信号の最大帯域 W の間に $f_s \geq 2W$ の関係があることであった。逆にこの条件をみたさないときは，フィルタでとりだしたときに，重なり部分も混入して復号信号の歪みが生じてしまう。

　　標本化定理は，その条件をみたせば帯域制限された連続時間信号ととびとびの時点の値しかもたない標本化信号が等価であることを示している。例えば，信号をディジタル化するときに標本化を行っても，そこで情報が失われることはない。標本化定理は，ディジタル時代を花開かせる基本定理の一つになった。

（3）　直観的にいってしまえば，フーリエ変換は可逆であるから，その両者で信号の自由度が変

わるはずがないということである。周期 N の離散周期信号において自由に信号値を与えることができるのは1周期分の N 個の標本値（一般的には複素数値であるから，実部と虚部を考慮すると自由度は $2N$）のみである。これをフーリエ変換したときに，もしスペクトルの周期が異なってしまうと，その自由に与えることのできる個数が変化してしまうことになる。スペクトルが一般に複素数であることを考えると，その周期は同じ N でなければならない。

ただし，もともとの信号が例えば実数値に限られているとすると，虚部がないから信号の自由度は（$2N$ でなく）N になる。一方のスペクトルは複素数値になるけれども，正の周波数と負の周波数のスペクトルがたがいに複素共役になるので，自由度は $2N$ ではなく，やはり元の信号と同じ N となる。

5.2 フーリエ変換の性質より，信号と信号の積は周波数軸上ではそれぞれのフーリエ変換のたたみこみ積分になる。ここに正弦波信号 $y(t) = \cos 2\pi f_0 t$ のフーリエ変換は，式(4.5)より

$$Y(f) = \frac{1}{2}\delta(f - f_0) + \frac{1}{2}\delta(f + f_0)$$

で与えられるから，$X(f)$ とのたたみこみ積分は

$$\int_{-\infty}^{\infty} X(f-\lambda)Y(\lambda)d\lambda = \int_{-\infty}^{\infty} X(f-\lambda)\left[\frac{1}{2}\delta(\lambda - f_0) + \frac{1}{2}\delta(\lambda + f_0)\right]d\lambda$$

これは δ 関数との積の積分になっているから

$$= \frac{1}{2}X(f - f_0) + \frac{1}{2}X(f + f_0)$$

すなわち，$x(t)$ と正弦波信号 $\cos 2\pi f_0 t$ の積の周波数スペクトルは $X(f)$ を $\pm f_0$ だけシフトしたものとなっている。

5.3 与えられた信号の最大帯域が f_2 であるとみなして，その2倍の周波数 $2f_2$ を標本化周波数とすると，かなり標本化が密になってしまう。

このような帯域信号の標本化定理を導くこともできるが複雑になる。実際には標本化周波数は，次のようにすれば下げられる。**解図 5.1** のようにまず信号の周波数シフトを行い，$0 \sim (f_2 - f_1)$ の帯域に含まれるようにして，しかる後に標本化する。このときの標本化周波数は $2(f_2 - f_1)$ でよい。周波数シフトは信号と周波数 f_1 の正弦波の積をとることにより実現される（前問参照）。

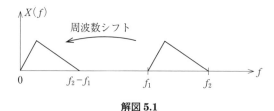

解図 5.1

第 6 章

6.1 （以下は解答というよりも，そのヒントとなる解説である）

(1) 長さ N の有限長のデータの離散フーリエ変換は，そのデータを1周期分としてもつ離散周期信号の離散フーリエ級数展開と等価である。このことを理解すれば，この問題は問題5.1（3）と同じであることがわかる。その解答を参照せよ。

（2） フーリエ変換で積分形式になっているところが離散フーリエ変換では総和になっていることはいうまでもないであろう。むしろ注意してほしいのは，離散フーリエ変換の数学的な本質が，離散周期信号のフーリエ級数展開であることである。したがって，表 6.1 は元の信号が周期系列であることが前提になっている。表 6.1 におけるたたみこみは，通常の直線たたみこみではなく，循環たたみこみである。相関，推移定理などについても同様な注意が必要である。

（3） 離散フーリエ変換を行列形式で表現すると，その変換行列の各成分はきれいに規則的に配列されている。この構造に着目して，演算量の削減を図ったのが高速フーリエ変換である。その本質は信号の分割にあった。すなわち信号を分割して小さな単位で変換を行い，その結果を組み合わせることによって全体の変換を計算できるという，一種の階層構造が離散フーリエ変換にあったのである。信号の分割は一通りではない。本文とは別の分割に基づくアルゴリズムの一例が，この後の問題 6.4 にある。

高速フーリエ変換は，本文の式(6.27)で示したように，変換行列の疎行列（スパース行列）の積への分解であると解釈することもできる。ここに疎行列とは，その成分のほとんどがゼロである行列である。このような分解が可能であれば，ゼロである成分に関連する計算はしなくてすむから，演算量を節約することができる。

6.2

（1） $l \neq n + rN$（r は 0 を含む整数）とすると，$W_N^{l-n} \neq 1$ であるからべき級数の総和の公式を用いて

$$\sum_{k=0}^{N-1} W_N^{k(l-n)} = \frac{1 - W_N^{-N(l-n)}}{1 - W_N^{l-n}}$$

ここに，$W_N^{-N(l-n)} = (W_N^N)^{-(l-n)} = 1$ であるからこの値は 0 となる。

$l = n + rN$ のときは，$W_N^{k(l-n)} = W_N^{krN} = (W_N^N)^{kr} = 1$ であるから

$$\sum_{k=0}^{N-1} W_N^{k(l-n)} = \sum_{k=0}^{N-1} 1 = N$$

となる。

（2） $X(N-k) = \sum_{n=0}^{N-1} x(n) W_N^{(N-k)n} = \sum_{n=0}^{N-1} x(n) W_N^{-kn}$

この複素共役をとると，$x(n)$ が実数であるとき

$$X^*(N-k) = \sum_{n=0}^{N-1} x^*(n) W_N^{kn} = \sum_{n=0}^{N-1} x(n) W_N^{kn} = X(k)$$

となる。

（3） $x(n)$ が実数のとき，N が偶数とすると

・$k = 0$ のとき：$W_N^0 = 1$ より，$X(0) = x(0) + x(1) + \cdots + x(N-1)$ 　　実数

・$k = \dfrac{N}{2}$ のとき：$W_N^{N/2} = -1$ より，$X\left(\dfrac{N}{2}\right) = x(0) - x(1) + \cdots - x(N-1)$ 　　実数

そのほかの k については $X(k) = X^*(N-k)$（$k = 1, 2, \cdots, N/2-1$）が成り立つから前半の $N/2-1$ 個の複素数値のみが独立な値となり実部と虚部を考えればその自由度は $N-2$ である。したがって $X(k)$ 全体の自由度は $1 + 1 + (N-2) = N$ となる。

N が奇数のときは，$k = 0$ のときは実数，ほかの偶数個の $N-1$ については半分だけが独立に複素数値をとるから，自由度は $2(1/2)(N-1) = N-1$，全体の自由度は $1 + (N-1) = N$

となる。

（4） $\sum_{n=0}^{N-1}|x(n)|^2=\sum_{n=0}^{N-1}x(n)x^*(n)$

$$=\sum_{n=0}^{N-1}\Big[\frac{1}{N}\sum_{k=0}^{N-1}X(k)W_N^{-kn}\Big]\Big[\frac{1}{N}\sum_{l=0}^{N-1}X^*(l)W_N^{ln}\Big]$$

$$=\frac{1}{N}\sum_{k=0}^{N-1}\sum_{l=0}^{N-1}X(k)X^*(l)\Big[\frac{1}{N}\sum_{n=0}^{N-1}W_N^{(l-k)n}\Big]=*$$

ここに

$$\frac{1}{N}\sum_{n=0}^{N-1}W_N^{(l-k)n}=\begin{cases}1 & (l=k)\\0 & (l\neq k)\end{cases}$$

であるから与式は

$$*=\frac{1}{N}\sum_{k=0}^{N-1}X(k)X^*(k)=\frac{1}{N}\sum_{k=0}^{N-1}|X(k)|^2$$

となる。

6.3 $z^*(n)$ を $z(n)$ の複素共役として

$$x(n)=\frac{1}{2}\big[z(n)+z^*(n)\big]$$

$$y(n)=\frac{1}{2j}\big[z(n)-z^*(n)\big]$$

であるから，それぞれの DFT は $z(n)$ と $z^*(n)$ の DFT の組合せで求められる。
ここに，$z^*(n)$ の DFT は

$$\sum_{n=0}^{N-1}z^*(n)W_N^{kn}=\Big[\sum_{n=0}^{N-1}z(n)W_N^{-kn}\Big]^*=Z^*(-k)=Z^*(N-k)$$

となるから

$$X(k)=\frac{1}{2}\big[Z(k)+Z^*(N-k)\big]$$

$$Y(k)=\frac{1}{2j}\big[Z(k)-Z^*(N-k)\big]$$

6.4

（1） $X(k)=\sum_{n=0}^{N-1}x(k)W_N^{kn}$

$$=\sum_{l=0}^{N/2-1}g(l)W_N^{kl}+\sum_{l=0}^{N/2-1}h(l)W_N^{k(l+N/2)}$$

ここに $(W_N^{N/2})^k=(-1)^k$ となるから，これを第 2 項に代入すると

$$=\sum_{l=0}^{N/2-1}\big[g(l)+(-1)^kh(l)\big]W_N^{kl}$$

したがって $k=2m$ （偶数）のときは，$W_N^2=W_{N/2}$ であるから

$$X(2m)=\sum_{l=0}^{N/2-1}\big[g(l)+h(l)\big]W_N^{2ml}=\sum_{l=0}^{N/2-1}\big[g(l)+h(l)\big]W_{N/2}^{ml}$$

$k=2m+1$ （奇数）のときは

$$X(2m+1) = \sum_{l=0}^{N/2-1} [g(l) - h(l)] W_N^{(2m+1)l} = \sum_{l=0}^{N/2-1} [g(l) - h(l)] W_N^l W_{N/2}^{ml}$$

これはそれぞれ $[g(l)+h(l)]$ と $[g(l)-h(l)]W_N^l$ の $N/2$ 点 DFT となっている。

(2) (1)の計算を図示すると**解図 6.1** のようになる。この図にある $N/2$ 点 DFT は二つに分解できて，これを繰り返すと，例えば $N=8$ の場合は**解図 6.2** のようなアルゴリズムとなる。

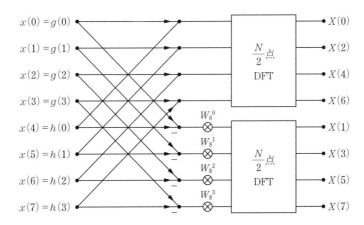

解図 6.1 DFT の分解（周波数間引き）

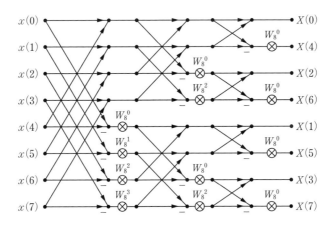

解図 6.2 周波数間引き FFT アルゴリズム（$N=8$）

(3) ① 乗算回数は本文で示した図 6.9 のアルゴリズム（時間間引きアルゴリズム）と同じ $(N/2)\log_2 N$ 回となる。
② 時間間引きアルゴリズムと周波数間引きアルゴリズムの FFT バタフライはそれぞれ**解図 6.3**（a），（b）の形になる。

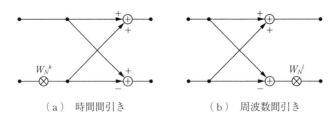

解図 6.3 FFT バタフライ

第 7 章

7.1 （以下は解答というよりも，そのヒントとなる解説である）

（1） 本章では，$n = -\infty \sim \infty$ で定義された一般の離散時間信号を対象とした。離散時間システムの入出力応答が単位パルス応答と入力の離散たたみこみの形で表されることも，これを前提として導いている。一方，離散フーリエ変換は，有限長の離散時間信号を対象としている。これは数学的にはその長さの周期をもつ周期信号のスペクトルを計算していることに相当している。離散フーリエ変換における離散たたみこみ定理は，そのことが前提になっており，そこでのたたみこみ演算は直線たたみこみではなく，循環たたみこみである。

離散時間システムの入出力応答を，離散たたみこみ定理に基づいて離散フーリエ変換して行うときは（高速フーリエ変換を使えば演算量を削減できる），このことに留意する必要がある。

（2） 離散時間システムの解析に z 変換を用いることの最大の利点は，その基本演算子である z あるいは z^{-1} の物理的な意味がはっきりしているからである。本文で述べたように離散時間システムは，1タイムスロットの単位時間遅延素子の組合せで構成されることが多いが，z^{-1} はその単位時間遅延素子の伝達関数に相当している。

離散時間信号も，信号値を1タイムスロットの単位時間ごとに次々と遅延させたものとして表現できるから，信号値をそのまま係数とした z 変換で表現できる。線形システムの伝達関数も，回路構成をしたときの係数をそのまま用いて表現できる。その伝達関数を変形すれば，線形離散時間システムの別の構成が容易に導かれる。本文で述べた縦続型の構成は，その一例である。

（3） z 変換を用いると，入力も出力も z^{-1} の多項式として表現されることが多い。線形離散時間システムの伝達関数はこの比として定義されるから，その形は多項式の比すなわち有理関数となる。

一方，線形離散時間システムの回路は，1タイムスロットの遅延素子を組み合わせて構成することが多い。その基本となるのは，図 7.7 に示した構成でその伝達関数は多項式であるから，その組合せで構成される回路も多項式を分母と分子で組み合わせた有理関数となることが多い。有理関数は，分母分子の因数分解以外に，部分分数分解，連分数展開などのさまざまな分解が可能であるので，それに対応した回路構成を実現することもできる。

7.2

（1） $y(n) = \sum_{k=0}^{\infty} h(k)x(n-k)$ を z 変換の定義式に代入すると

$$Y(z) = \sum_{n=0}^{\infty} y(n)z^{-n} = \sum_{n=0}^{\infty} \left[\sum_{k=0}^{\infty} h(k)x(n-k) \right] z^{-n}$$

ここで $n-k=l$ とおいて，収束を前提として総和の順序を変換すると $x(l)=0$ $(l<0)$ を考慮して

$$= \sum_{k=0}^{\infty} h(k) \left[\sum_{l=0}^{\infty} x(l)z^{-(l+k)} \right]$$

$$= \sum_{k=0}^{\infty} h(k)z^{-k} \sum_{l=0}^{\infty} x(l)z^{-l} = H(z)X(z)$$

（2） $H(z) = \dfrac{a_0 + a_1 z^{-1} + a_2 z^{-2}}{1 + b_1 z^{-1} + b_2 z^{-2}}$

7.3 結果だけ示す。

（1） $\dfrac{z \sin b}{z^2 - 2z \cos b + 1}$

（2） $\dfrac{z(z - \cos b)}{z^2 - 2z \cos b + 1}$

7.4

（1） **解図 7.1** または **解図 7.2** となる

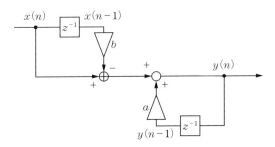

解図 7.1

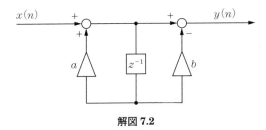

解図 7.2

（2） z 領域伝達関数

$$H(z) = \frac{1 - bz^{-1}}{1 - az^{-1}} = \frac{z - b}{z - a}$$

（3） 単位パルス応答

$$\frac{1 - bz^{-1}}{1 - az^{-1}} = (1 - bz^{-1})(1 + az^{-1} + a^2 z^{-2} + \cdots)$$

$$= 1 + (a-b)z^{-1} + a(a-b)z^{-2} + a^2(a-b)z^{-3} + \cdots$$

より

$$h(n) = \begin{cases} 1 & (n=0) \\ a^{n-1}(a-b) & (n \geq 1) \end{cases}$$

第8章

8.1 （以下は解答というよりも，そのヒントとなる解説である）

（1）本文で述べたように，二次元フーリエ変換は

$$G(u,v) = \int_{-\infty}^{\infty} \left[\int_{-\infty}^{\infty} g(x,y)e^{-j2\pi ux}dx \right] e^{-j2\pi vy}dy$$

と表現できる。これは $g(x,y)$ をまずは変数 y を固定して変数 x に関してフーリエ変換を行う。次に y に関してフーリエ変換を行う。

その基本となる二次元正弦波信号も，x と y に変数分離できる。

$$e^{j2\pi(ux+vy)} = e^{j2\pi ux} \cdot e^{j2\pi vy}$$

すなわち，x を変数とする一次元の正弦波信号と y を変数とする一次元正弦波信号に分解できる。u と v はそれぞれに対応する周波数である。

このことは u と v はそれぞれ，x と y のそれぞれ一方を固定することによって得られる周波数であることを意味する。二次元正弦波信号は，本文の図8.2（c）のように図示できる。その図で $g(x,y)$ を $y=0$ の断面をとると，そこには x 方向だけに変化する一次元信号が得られ，その周波数が u となっている。同様にして，$x=0$ の断面をとると，y 方向だけに変化する周波数 v の一次元信号が得られる。

（2）点拡がり関数は，その名の通り，中央にある点光源が，二次元光学システムを通過するとどう周辺に広がるか，いわばボケの程度を表している。信号解析では，中央の点光源は二次元インパルス信号に相当しており，その応答である点拡がり関数は二次元インパルス応答に相当している。

光学的伝達関数は，ある特定の空間周波数をもつ二次元正弦波の光をシステムに入力したときに，その二次元正弦波の振幅（明るさ）と位相がどのように変化するかを，空間周波数ごとに示したものである。これは信号解析の二次元伝達関数に相当しており，二次元インパルス応答すなわち点拡がり関数とは二次元フーリエ変換の関係にある。

一次元時間信号を入力したときの線形システムの一次元インパルス応答は，結果は原因よりも時間的に先に生じないという意味で因果性をみたす。これに対して点拡がり関数は，中央からその周辺の全方向に広がることが多く，一般に因果性はみたさない。一方で，一次元のシステムで仮定した時不変性は，二次元システムでも平面的なシフト不変性として仮定している。光学システムの場合は，例えばレンズ系では位置によって応答が異なることもあって，その場合は点拡がり関数だけでシステムは記述できないので注意を要する。光学的伝達関数についても同様である。

（3）（1）で述べたように，二次元フーリエ変換は一次元フーリエ変換の組合せである。このそれぞれの一次元フーリエ変換を離散フーリエ変換として実行する場合は，そこに高速フーリエ変換を適用できる。$N \times M$ の画素をもつ画像を二次元フーリエ変換するときは N 点一次元離散フーリエ変換を M 回，M 点一次元フーリエ変換を N 回繰り返す必要があるので，高速フーリエ変換によって演算量を削減することは重要である。

8.2 $G(u, v, f) = \displaystyle\int_{-\infty}^{\infty} \int_{-\infty}^{\infty} \int_{-\infty}^{\infty} g(x, y, t) e^{-j2\pi(ux+vy+ft)} \, dx dy dt$

$= \displaystyle\int_{-\infty}^{\infty} \left[\int_{-\infty}^{\infty} \left[\int_{-\infty}^{\infty} g(x, y, t) e^{-j2\pi ux} dx \right] e^{-j2\pi vy} dy \right] e^{-j2\pi ft} dt$

すなわち，x，y，t それぞれのフーリエ変換の組合せになる。

索　引

【い】

位　相	8
位相伝達特性	14, 29
因果的	100
インパルス応答	16
インパルス信号	15, 40
インパルス列	44
インプレイス演算	94

【え】

エリアシング	74
円運動	9, 25

【お】

オイラーの公式	24
折り返し歪み	74

【か】

回転子	81
ガウス波形	42
ガウス波形信号	41
ガウス平面	23
角周波数	8
確定信号	3
確率の信号	3
片側 z 変換	101

【き】

共役複素数	22
極形式	23
虚　部	22

【く】

空間周波数	113
空間周波数スペクトル	113
区分的連続	36

【こ】

光学的伝達関数	117
高速フーリエ変換	89
高速フーリエ変換アルゴリズム	
	91

【さ】

再帰型構成	108
三角形格子	121
三角波形	42

【し】

時間信号	2
システム	4
実効時間幅	55
実効周波数幅	55
実　部	22
時不変システム	5
時不変（性）	17, 99
時不変離散時間システム	98
時変システム	5
周　期	10
周期信号	3
収　束	36
収束円	102
縦属型構成	109
周波数	10
周波数スペクトル	48
周波数特性	104
周波数と時間の不確定性	56
周波数間引きアルゴリズム	96
巡回型構成	108
巡回たたみこみ	86
循環たたみこみ	86
純虚数	22
信号の流れ図	91
振　幅	8
振幅伝達特性	14, 29

【す】

推移定理	52
スパース行列	94

【せ】

正弦波	8
正弦波応答	14
正弦波信号	8
絶対可積分	38

【そ】

絶対値	23
線　形	11, 98
線形システム	5, 11
線スペクトル	48

【そ】

相関関数	57
走　査	119
相似性	52
双対性	36
疎行列	94

【た】

たたみこみ積分	17, 56
たたみこみ定理	
（フーリエ変換）	56
（DFT）	87
（z 変換）	103
（ラプラス変換）	132
単一方形波信号	38
単位パルス応答	99
単位パルス信号	99

【ち】

直線たたみこみ	86
直流信号	40
直交関数系	33

【て】

伝送システム	4
伝達関数	
（フーリエ変換）	29
（DFT）	87
（z 変換）	103
（ラプラス変換）	133
点拡がり関数	117

【に】

二次元高速フーリエ変換	123
二次元システム	116
二次元信号	112
二次元スペクトル	114
二次元正弦波	113

索　引　153

二次元標本化	119	複素共役	22	

【ら】

ラプラス変換　61, 130

二次元標本化　119
二次元標本化定理　120
二次元複素正弦波　114
二次元フーリエ変換　113
二次元離散フーリエ変換　122
二次の IIR 回路　109
二乗余弦波形　42
入出力特性
　（時間領域）　59
　（周波数領域）　58

【の】

ノンリカーシブ構成　108

【は】

パーセバルの等式
　（フーリエ変換）　54
　（DFT）　85
バタフライ演算　93

【ひ】

非再帰型構成　108
非周期信号　3
非巡回型構成　108
非線形システム　5
ビット逆順　93
ビット逆転順序　93
標本化　64
標本化関数　73
標本化関数信号　39
標本化周波数　64
標本化定理　70
標本間隔　64
標本値　64

【ふ】

不規則信号　3

複素共役　22
複素振幅　27
複素数　22
複素正弦波信号　26
複素フーリエ級数展開　32
複素平面　23
負の角周波数　26
フーリエ逆変換　35
フーリエ級数展開　19
フーリエ係数　33, 43
フーリエ正弦級数　19
フーリエ変換　34, 35
フーリエ余弦級数　19

【へ】

偏　角　23
変　調　66, 118

【ほ】

ポアソンの和公式　45
方形波形　42
方形波列　44
補　間　72
補間公式　73

【む】

無限インパルス応答システム　106

【も】

モアレ　117

【ゆ】

有限インパルス応答システム　105

【よ】

余弦波　8

【ら】

ラプラス変換　61, 130

【り】

リカーシブ構成　108
離散時間システム　5, 98
離散時間信号　3
離散スペクトル　48
離散たたみこみ定理　87, 103
離散たたみこみ表現　100
離散フーリエ逆変換　82
離散フーリエ級数展開　77
離散フーリエ変換　80
両側 z 変換　101
両側指数波形　42
両側微分可能　36

【れ】

連続時間システム　5
連続時間信号　3
連続スペクトル　48

【その他】

DFT　80
FFT　89
FFT アルゴリズム　91
FIR システム　105
IIR システム　106
OTF　117
PSF　117
z 変換　101
z 領域伝達関数　103
δ 関数　15

―― 著者略歴 ――

1945年東京生まれ。1973年東京大学大学院博士課程修了。2009年東京大学を定年退職。コミュニケーションの基礎を工学的に探ることを専門として，情報理論，通信方式，信号処理，知的通信，マルチメディア技術，ヒューマンコミュニケーション技術，空間共有技術，顔学などに興味をもった。

信号解析教科書 ― 信号とシステム ―
Textbook of Signal Analysis ― Signals and Systems ― 　　　　© Hiroshi Harashima 2018

2018 年 3 月 23 日　初版第 1 刷発行
2022 年 2 月 5 日　初版第 4 刷発行

検印省略	著　者	原　島　　　博
	発行者	株式会社　コロナ社
		代表者　牛来真也
	印刷所	美研プリンティング株式会社
	製本所	有限会社　愛千製本所

112-0011　東京都文京区千石 4-46-10
発行所　株式会社　コ ロ ナ 社
CORONA PUBLISHING CO., LTD.
Tokyo Japan
振替00140-8-14844・電話(03)3941-3131(代)
ホームページ　https://www.coronasha.co.jp

ISBN 978-4-339-00907-1　C3055　Printed in Japan　　　　（新井）

〈出版者著作権管理機構　委託出版物〉
本書の無断複製は著作権法上での例外を除き禁じられています。複製される場合は，そのつど事前に，出版者著作権管理機構（電話 03-5244-5088, FAX 03-5244-5089, e-mail: info@jcopy.or.jp）の許諾を得てください。

本書のコピー，スキャン，デジタル化等の無断複製・転載は著作権法上での例外を除き禁じられています。購入者以外の第三者による本書の電子データ化及び電子書籍化は，いかなる場合も認めていません。
落丁・乱丁はお取替えいたします。

メディア学大系

（各巻A5判）

■監修（五十音順）
相川清明・飯田　仁（第一期）
相川清明・近藤邦雄（第二期）
大淵康成・柿本正憲（第三期）

配本順		著者	頁	本体
1.（13回）	改訂 メディア学入門	柿本・大淵 進藤・三上 共著	210	2700円
2.（8回）	CGとゲームの技術	三上浩司 渡辺大地 共著	208	2600円
3.（5回）	コンテンツクリエーション	近藤邦雄 三上浩司 共著	200	2500円
4.（4回）	マルチモーダルインタラクション	榎本美香 飯田　仁 相川清明 共著	254	3000円
5.（12回）	人とコンピュータの関わり	太田高志 著	238	3000円
6.（7回）	教育メディア	稲葉竹俊 松永信介 飯沼瑞穂 共著	192	2400円
7.（2回）	コミュニティメディア	進藤美希 著	208	2400円
8.（6回）	ICTビジネス	榊　俊吾 著	208	2600円
9.（9回）	ミュージックメディア	大山昌彦 伊藤謙一郎 吉岡英樹 共著	240	3000円
10.（15回）	メディアICT（改訂版）	寺澤卓也 藤澤公也 共著	近刊	
11.	CGによるシミュレーションと可視化	菊池　司 竹島由里子 共著		
12.	CG数理の基礎	柿本正憲 著		
13.（10回）	音声音響インタフェース実践	相川清明 大淵康成 共著	224	2900円
14.（14回）	クリエイターのための 映像表現技法	佐々木和郎 羽田久一 森川美幸 共著	256	3300円
15.（11回）	視聴覚メディア	近藤邦雄 相川清明 竹島由里子 共著	224	2800円
16.	メディアのための数学	松永信介 相川清明 渡辺大地 共著		
17.（16回）	メディアのための物理 —コンテンツ制作に使える理論と実践—	大淵康成 柿本正憲 椿　郁子 共著	近刊	
18.	メディアのためのアルゴリズム	藤澤公也 寺澤卓也 羽田久一 共著		
19.	メディアのためのデータ解析	榎本美香 松永信介 共著		

定価は本体価格+税です。
定価は変更されることがありますのでご了承下さい。

図書目録進呈◆

電子情報通信レクチャーシリーズ

■電子情報通信学会編　　（各巻B5判，欠番は品切または未発行です）
白ヌキ数字は配本順を表します。

					頁	本体
㉚	A-1	電子情報通信と産業	西村吉雄著		272	4700円
⑭	A-2	電子情報通信技術史—おもに日本を中心としたマイルストーン—	「技術と歴史」研究会編		276	4700円
㉖	A-3	情報社会・セキュリティ・倫理	辻井重男著		172	3000円
⑥	A-5	情報リテラシーとプレゼンテーション	青木由直著		216	3400円
㉙	A-6	コンピュータの基礎	村岡洋一著		160	2800円
⑲	A-7	情報通信ネットワーク	水澤純一著		192	3000円
㊳	A-9	電子物性とデバイス	益・天川共著		244	4200円
㉝	B-5	論理回路	安浦寛人著		140	2400円
⑨	B-6	オートマトン・言語と計算理論	岩間一雄著		186	3000円
㊵	B-7	コンピュータプログラミング—Pythonでアルゴリズムを実装しながら問題解決を行う—	富樫敦著		近刊	
㉟	B-8	データ構造とアルゴリズム	岩沼宏治他著		208	3300円
㊱	B-9	ネットワーク工学	田村・中野・仙石共著		156	2700円
①	B-10	電磁気学	後藤尚久著		186	2900円
⑳	B-11	基礎電子物性工学—量子力学の基本と応用—	阿部正紀著		154	2700円
④	B-12	波動解析基礎	小柴正則著		162	2600円
②	B-13	電磁気計測	岩﨑俊著		182	2900円
⑬	C-1	情報・符号・暗号の理論	今井秀樹著		220	3500円
㉕	C-3	電子回路	関根慶太郎著		190	3300円
㉑	C-4	数理計画法	山下・福島共著		192	3000円
⑰	C-6	インターネット工学	後藤・外山共著		162	2800円
③	C-7	画像・メディア工学	吹抜敬彦著		182	2900円
㉜	C-8	音声・言語処理	広瀬啓吉著		140	2400円
⑪	C-9	コンピュータアーキテクチャ	坂井修一著		158	2700円
㉛	C-13	集積回路設計	浅田邦博著		208	3600円
㉗	C-14	電子デバイス	和保孝夫著		198	3200円
⑧	C-15	光・電磁波工学	鹿子嶋憲一著		200	3300円
㉘	C-16	電子物性工学	奥村次徳著		160	2800円
㉒	D-3	非線形理論	香田徹著		208	3600円
㉓	D-5	モバイルコミュニケーション	中川・大槻共著		176	3000円
⑫	D-8	現代暗号の基礎数理	黒澤・尾形共著		198	3100円
⑱	D-11	結像光学の基礎	本田捷夫著		174	3000円
⑤	D-14	並列分散処理	谷口秀夫著		148	2300円
㊲	D-15	電波システム工学	唐沢・藤井共著		228	3900円
㊴	D-16	電磁環境工学	徳田正満著		206	3600円
⑯	D-17	VLSI工学—基礎・設計編—	岩田穆著		182	3100円
⑩	D-18	超高速エレクトロニクス	中村・三島共著		158	2600円
㉔	D-23	バイオ情報学—パーソナルゲノム解析から生体シミュレーションまで—	小長谷明彦著		172	3000円
⑦	D-24	脳工学	武田常広著		240	3800円
㉞	D-25	福祉工学の基礎	伊福部達著		236	4100円
⑮	D-27	VLSI工学—製造プロセス編—	角南英夫著		204	3300円

定価は本体価格+税です。
定価は変更されることがありますのでご了承下さい。

図書目録進呈◆